检测技术
与自动控制工程基础

严学华　司乃潮　编

化学工业出版社
·北京·

内容简介

本书前半部分主要系统介绍了检测技术的基础内容，检测技术中的关键部件——各种传感器的工作原理、特点及用途，材料加工中最主要的物理量——温度的检测技术，以及材料加工工程中应用的各种先进的无损探伤检测技术的工作原理及特点；后半部分主要在介绍自动控制系统理论发展的基础上，简要介绍了自动控制系统中的主要控制仪表与装置，结合当前应用发展趋势对典型的自动控制理论（包括神经控制系统，模糊控制，专家控制，分级递阶智能控制）作了重点介绍，并具体介绍了各先进控制理论、计算机技术在材料热加工领域中的应用。

本书可作为高等工科院校材料工程专业、自动控制工程专业及其相关专业的技术基础教材，亦可作为相关专业科研人员、有关工程技术人员的参考书。

图书在版编目（CIP）数据

检测技术与自动控制工程基础/严学华，司乃潮编. —北京：化学工业出版社，2006.7（2022.9重印）

ISBN 978-7-5025-9177-9

Ⅰ.检… Ⅱ.①严…②司… Ⅲ.①自动检测②自动控制工程学 Ⅳ.①TP274②TP13

中国版本图书馆 CIP 数据核字（2022）第 132912 号

责任编辑：杨　菁　彭喜英　　　　　　　　　文字编辑：李玉峰
责任校对：蒋　宇　　　　　　　　　　　　　装帧设计：韩　飞

出版发行：化学工业出版社（北京市东城区青年湖南街 13 号　邮政编码 100011）
印　　装：北京机工印刷厂有限公司
787mm×1092mm　1/16　印张 9　字数 214 千字　2022 年 9 月北京第 1 版第 4 次印刷

购书咨询：010-64518888　　　　　　售后服务：010-64518899
网　　址：http://www.cip.com.cn
凡购买本书，如有缺损质量问题，本社销售中心负责调换。

定　　价：36.00 元

前　言

根据新编教学大纲的要求，材料成型专业的学生必须掌握先进检测技术与先进控制理论，以适应新时期国民经济生产的需要。由于材料成型专业不同于机械、自动控制专业，材料成型专业的学生缺乏检测技术与控制工程的理论基础，更缺乏感性认识。本教材正是针对这一需要进行编写。

本教材较为全面地阐述了材料成型及控制工程设备中所涉及的检测技术与常见自动控制系统的结构和基本原理。在编写教材的选取上，尽量选用较为成熟的检测技术方法和常规自动控制基础理论，所引用的具体例子均来自国内各高校及相关科研院所的研究成果。

本教材在编写过程中，以材料成型及控制工程的各专业，即铸造、焊接、锻压等，为背景，前四章主要系统介绍检测技术的基础内容，各种检测技术中的关键部件——传感器的工作原理，材料加工中最主要的物理量——温度的检测技术以及各类先进检测技术在材料成型过程中的应用。本书的后四章主要在系统介绍自动控制理论发展的基础上，介绍了自动控制系统中的主要仪表与装置，并系统介绍了典型的自动控制理论，在此基础上，介绍了先进控制技术在材料成型过程中的应用。本书最后一章还介绍了计算机技术在材料成型工程中的应用。通过本教材的学习，使得材料成型及控制工程专业的学生具备分析工程中所涉及的先进检测技术与控制理论的能力，并在工作中加以运用，促进材料成型过程的技术改造和自动化建设。

本教材的编写工作主要由严学华和司乃潮完成，在编写过程中得到本单位诸位同仁的有益建议和意见，在此表示衷心感谢。

由于编者水平有限，教材中的不当之处望高校同仁和读者不吝指正。

编者

2006 年 6 月

目　　录

第1章 检测系统概论

检测是科学地认识各种现象的基础性的方法和手段。从这种意义上讲，检测技术是所有科学技术的基础。检测技术又是科学技术的重要分支，是具有特殊性的专门科学和专门技术。随着科学技术的进步和社会经济的发展，检测技术也正在迅速地发展，反过来检测技术的发展又进一步促进着科学技术的进步。同眼、耳、鼻等感觉器官对于人类的重要作用相类似，测量装置（传感器、仪表仪器等）作为科学性的感觉器官，在工业生产、科学研究和企业的科学管理方面是不可缺少的。企业越是科学地高度发展，越需要科学的检测。

1.1 概 述

1.1.1 检测技术的作用

随着生产和科学技术的发展，检测技术在国民经济各个部门和科学研究各个领域的应用日益广泛，已成为促进生产和科学技术发展的有力手段。使用先进的检测技术是科学技术现代化的重要标志之一，也是科学技术现代化必不可少的条件。

利用检测技术这个科学手段，可以有效地揭示出表征各种生产工艺和技术操作过程特征的有关物理参量，能更深刻地认识和把握客观过程的本质和规律性，从而有利于生产工艺和生产设备的研究与改造，有利于生产过程机械化和自动化水平的不断提高。

现在从事机械制造业的工程技术人员，不仅面临着静态几何量的检测，而且随着科学技术的发展，还越来越多地面临着许多不可避免的动态物理量（如位移、振动、力、流量、温度和噪声等）的检测。这些检测，大量的是使用非电量电测法，即通过传感器将被测量变换为电量，而后对这种电信号进行各种中间变换来最终达到检测的目的。

由于现代检测技术具有测量精度高，响应速度快，能够自动、连续地进行测量；便于进行遥测与自动记录，可与计算机连接进行处理；可采用微机做成智能仪器等优点，所以已经在各个科学技术部门得到广泛应用。

在机械制造工业中，以机床为例，以往只是测量一些静态或静态下的性能参数，而现在要求测量动态性能，如在切削状态下的动态稳定性、自激现象、加工精度等，因此就要利用压电加速度计、力传感器、速度传感器及非电量电测仪器，测量刀架、床身等的振动、机械阻抗等参数来检验其动态特性，找出薄弱环节，提出改进意见。又如对切削力的大小和变化进行可靠性的检测，可监视刀具的磨损，工件表面质量的变化，防止机床过载，控制切削过程平稳；同样通过切削力的测量，可为研究金属切削原理，制定切削用量，设计机床、夹具，提供必要的数据。在自动化的机床中，采用大量的非电量电测仪器在生产过程中检验工件尺寸、形状和表面质量。

此外，机械工程中许多理论和计算方法只具有粗略估算性质，往往不是很准确的。如金属加工机床的工作，不仅与复杂的加工条件有关，而且与金属塑性变形有关，加上工作零件又往往具有复杂的结构和形状，迄今还没有较为成熟的理论方法来精确判断机器的真实工作载荷和工作零件的实际应力，因此只能通过实地测试获得数据并进行分析，方能了解与实际工作情况较接近的承载及变形情况、动态过程的载荷特征和运动参数的情况。所以测试技术的研究，也是检验理论、探讨和发展新理论的有效途径。

因此，从事机械制造业的工程技术人员，必须掌握测试技术的有关知识。

1.1.2 测试技术的发展趋势

随着现代科学技术的发展，对测试技术的要求越来越高。当前除不断提高性能与可靠性外，总的趋势是小型化、轻量化、测量放大一体化、非接触化、智能化，具体地说可以有以下几个方面。

（1）不断提高仪器的性能、可靠性，扩大应用范围

随着科学技术的发展，对仪器仪表性能的要求也相应地在提高，同时需要研究解决工艺过程中极端参数测量用的仪器，如连续测量液态金属的温度，长时间连续测量高温介质（2500～3000℃），固体表面高温测量，极低温度测量（超导），混相流量测量，脉动流量测量，微压差（几十帕斯卡）测量，超高压测量，高温高压下成分测量，分子量测量，高精度（0.02%）重量称重，大吨位（3×10^7 N以上）测量等，所以仪器要在原有的基础上不断地提高技术性能指标，扩大应用范围。

仪器仪表的可靠性对仪表的质量来说已成为一个重要因素，这方面内容包括了仪表可靠性和故障率的数学模型和计算方法的研究，仪表可靠性设计、预测、检验和分析实验的研究，仪表系统组件可靠性对仪表整机性能的影响和确定整机可靠性方法的研究等。

（2）研究材料、器件、电路一体化的仪表

为了减少传感器与测量电路分开所造成的电缆干扰等的影响，所以希望能把传感器与测量电路合在一起。随着半导体技术的发展，这方面已开始实现，最简单的如压阻传感器。近年来国外在研究的一种物性型检测传感器，就是在半导体技术基础上，进一步实现"材料、器件、电路、系统一体化"的新型仪表，它利用某些固体材料的物性变化（机械特性、电特性、磁特性、热特性、光特性、化学特性）来实现信息直接变换，也就是说是利用不同材料的物理、化学、生物效应做成器件，直接测量对象物性的信息，而且把电路也做在一起，这样与一般传感器相比，有构造简单、体积小、无可动部件、响应快、灵敏度高、稳定性好的特点，为解决许多特种参数的测量、成分分析和非接触测量等问题提供了手段。

（3）研究非接触测试技术

在测量过程中，把传感器置于被测对象上，相当于加一负载在上面，这样多少会影响测量的精度，而在有些被测物体上，根本不可能安装传感器，例如测量高速旋转轴的振动、转矩等。因此，国际上都在研究采用非接触式的测试技术，目前已采用的光电式传感器、电涡流式传感器、同位素仪表都是在这个要求上发展起来的，而且还在研究用其他的原理和方法如微波技术来进行非接触式的测量等。

（4）采用微处理机，使仪器智能化

从20世纪70年代以大规模集成电路为基础的微处理器问世以后，已逐步地应用到测试技术中来，使测量仪器智能化，把传统的测量仪器变成了智能仪器，从而扩展了功能，提高了精度。带微处理器的测量仪器与传统的仪器相比，有如下的特点。

① 校正功能 可以通过功能键送入命令，按预先编制并在机内存储的操作程序，完成自校准、自调零、自选量程、自动测试和自动分选。这样就能对传感器的非线性及仪器零点进行校准，能根据机内或机外基准定期作自校准，提高仪器的精度，而且可降低对元器件长

期稳定性的要求。

② 信息变换功能　它可以按各参数之间的关系式，通过计算作参数变换，因而可以通过某些参数的测试而自动求出一系列其他有关的参数，便于实现多功能参数测试，或者通过最易测的参数测量，而获得难测的或者甚至无法测出的参数。

③ 统计处理功能　可将测量得到的数据，根据误差理论对测得的数据进行计算，求出误差，并从测量结果中扣除，这就提高了仪器的测量精度。它可以根据工作条件（如环境温度、相对温度、大气压力等）的变化，根据一定公式计算修正值，并修正测量结果，这样就使测量的精度提高，使结果更为可靠。

④ 指令功能　根据熟练的测量人员编制的程序，给测量者以指示，即使外行人也可以进行可靠性高的测量。

（5）研究新型原理的传感器

由于科学技术的发展，需要测量极端参数值（超高压、高温、超低温）和特种参数（如测光的明暗，识别颜色，判断距离，味觉，嗅觉）等，因此促使人们不断地在探讨新的测量原理，研制新型的传感器和仪表。这方面目前除研究利用新的物理效应外，还不断研究仿生学，仿照生物的感觉功能和人的视、听、触、嗅、味五官功能，来开发未来的传感器。

1.2　检测系统的组成

一个具体的检测系统由传感器、变换及测量装置、记录及显示装置和实验结果的分析处理装置组成。有时还存在着实验激发装置，如图 1-1 所示。

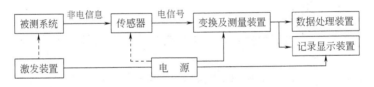

图 1-1　检测系统的组成
(图中虚线表示可根据需要接入)

① 传感器——信息的检测，是一种能把某种信息从被测对象中检测出来，并将它转换成电信号的装置。它是一种获得信息的手段，在整个检测系统中占有主要地位，它的灵敏度、精确度直接影响着整个检测系统的灵敏度和精确度。

② 变换及测量装置——信息的变换和传输，它的作用是把传感器送来的电信号变换成具有一定功率的电压或电流信号，以推动下一级的记录和显示装置。有时，传感器送来的信号变化功率很低，近似直流信号，为了传输方便，需要在这里把它调制成高频大信号。对一些简单信号，常在这里进行测量。测量的主要过程是比较，即把要测的量与某一标准量进行比较，获得的被测量为标准量若干倍的数量概念。这部分常由电桥电路、调制电路、解调电路、阻抗匹配电路、放大电路、运算电路等组成，是检测系统中比较复杂的部分。

③ 记录与显示装置——信息的显示和记录，它的作用是把变换及测量装置送来的电压或电流信号不失真地记录下来和显示出来。记录和显示这两个功能有时可以在一个装置中实现，如光线示波器。有的装置只具有一个功能，如电子示波器，它只能显示而不能记录；又如磁记录器，它只能记录而不能显示。记录和显示的方式一般有模拟和数字两种。前者记录的是一条或一组曲线，后者则是一组数字或代码。

④ 数据处理装置——信号的处理和分析，它是用以对测试所得的实验结果（曲线或数据）进行处理、运算、分析。如大量数据的数理统计分析，实验曲线的拟合，特别是动态测试结果的频谱分析，幅值谱分析，能量谱分析等。

⑤ 实验激发装置——它的作用是人为地模拟某种条件把被测系统中的某种信息激发出来，以便检测。如用激振器来模拟各种不同条件的振动，在将激振器作用在机械或构件上后，把机械或结构产生的振动幅度、应力变化等信息激发出来，以便检测后对它在振动中的状态和抗振能力进行研究分析。

1.3 信号及其分类

所谓信号，是指为了传递信息而使用的量。其中包括实际存在于自然界中的各种物理量，也包括为了传递信息而人工设置的各种信号（如文字、标记等信号）。

在检测技术中仅仅考虑那些利用电、磁、光、声、热、辐射、流体、机械以及各种化学能来传递信息的信号。根据信息-能量理论，在测量装置中传递信息的工具是能量流。如果没有能量进入测量装置的输入端，则测量信息的传递过程是不可能实现的。在工业检测中，携带有被测信息的被测信号，可能具有各种各样的能量形式，热气一般是非电量，它们进入测量装置的输入端后，必须转变成便于测量、转换、传输和显示的能量形式。也就是说，在测量系统中流动的信号，并不是原始的被测信号，而是与被测信号呈一定单值函数关系的信号，两者的能量形式很可能是不相同的。现将测量系统中流动的常见信号种类和传递形式介绍如下。

1.3.1 常见信号类型

作用于测量装置输入端的被测信号，通常要转换成以下几种便于传输和显示的信号。

（1）位移信号

位移信号包括直线位移和角位移两种形式，它属于一种机械信号。在测量力、压力、质量、振动等物理量时，通常都首先要把它们转换成位移量，然后再做进一步处理。如当被测参数是力或压力时，可以通过适当的弹性元件转换成位移。在测量系统中，唯一信号可利用杠杆、齿轮副等机构进行机械放大和传送，也可以利用一定的元件变换为气压信号或转换成为电信号。

（2）压力信号

压力信号包括气压信号和液压信号，工业检测中主要应用气压信号。在气动检测系统中，以净化的恒压空气为能源，气动传感器将被测参数转换为与之相适应的气压信号。在测量系统中，气压信号可以通过气动功率放大器放大，也可通过气动计算单元进行加、减、乘、除、开方等数学运算，还可输送给显示单元进行指示、记录、报警或用于自动调节，采用气-电转换器，可将气压信号转换成电信号。

（3）电气信号

常用的电气信号有电压信号、电流信号、阻抗信号和频率信号。

电气信号可以远距离传递，便于和电子计算机连接，易于实现检测自动化，而且响应速度快。因此，将被测的非电参数转换成电信号进行测量，在检测技术中应用越来越广，并已逐渐形成一个重要分支——非电量电测技术。将被测参数的变化直接或间接地转换成电信号的传感器，近年来也发展很快。

（4）光信号

光信号包括光通量信号、干涉条纹信号、衍射条纹信号、莫尔条纹信号等。随着激光、光导纤维和计量光栅等新兴技术的发展，光学检测技术也得到了很大的发展，特别是在高精度、非接触测量方面，占有十分重要的地位。利用各种光学元件构成的光学系统可将光信号进行传递、放大和处理。

在非电量电测技术中，利用光电元件可以将光信号转换成电信号。光信号和电信号的形式，既可以是连续的，又可以是断续（脉冲式）的。

1.3.2　信号的传递形式

从传递信号连续性的观点来看，在检测系统中传递的信号形式可以分为模拟信号、数字信号和开关信号。

（1）模拟信号

在时间上是连续变化的，即在任何瞬时都可以确定其数值的信号，称为模拟信号。生产过程中常遇到的各种连续变化的物理量和化学量都属于模拟信号。模拟信号变换为电信号就是平滑地、连续地变化的电压或电流信号。例如，连续变化的温度信号可以利用热电偶转换成与它成比例的连续变化的电压信号。

（2）数字信号

数字信号是一种以离散形式出现的不连续信号，通常用二进制"0"和"1"组合的代码序列来表示。数字信号变换成电信号就是一连串的窄脉冲和高、低电平交替变化的电压信号。

连续变化的模拟信号可以通过数字式传感器直接转换成数字信号。然而，大多数情况是首先把这些参数变换成电参量的模拟信号，然后再利用模数（A/D）转换技术把电模拟量转换成数字量。将一个模拟信号转换为数字信号时，必须用一定的计量单位使连续参数整量化，即用最接近的离散值（数字量）来近似表示连续量的大小。由于数字量只能增大或减小一个单位，因此，计量单位越小，整量化所造成的误差也就越小。

（3）开关信号

用两种状态或用两个数值范围表示的不连续信号叫做开关信号。例如，用水银触点温度计来检测温度的变化时，可利用水银触点的"闭合"和"断开"来判断温度是否达到给定值。在自动检测技术中，利用开关式传感器可以将模拟信号变换成开关信号。

1.3.3　信号的标准化

在自动检测与自动控制系统中，往往需要同时应用多种自动化仪表，为了便于仪表间的互相通信，必须采用统一标准信号。例如，在单元组合式自动化仪表中，常用的标准电气信号为 0～10mA 或 4～20mA 的直流电流信号。

1.4　检测系统的静态特性

检测系统的静态特性是在静态标准条件下进行标定的。静态标准条件是指没有加速度、振动、冲击（除非这些参数本身就是被测物理量）；环境温度一般为室温（20±5）℃；相对湿度不大于 86％；大气压力为（101324.72±7999.32）Pa 的情况。在这种标准工作状态下，利用一定精度等级的校准设备，对系统输入高精度的标准量信号，测出相应的输出量值，并进行往复循环测试，得出系统的静态特性，可以用输出-输入数据列成表格或画成曲线表示。

检测系统的静态性能指标有以下几个。

（1）灵敏度 S

灵敏度是指检测装置在静态测量时，输出量的增量与输入量的增量之比的极限值，即

$$S = \lim_{\Delta x \to 0} \frac{\Delta y}{\Delta x} = \frac{dy}{dx}$$

灵敏度的量纲是输出量的量纲和输入量的量纲之比。当某些检测装置或组成环节的输出和输入具有同一量纲时，常用"增益"或"放大倍数"来代替灵敏度。

对线性检测装置来说，灵敏度为

$$S = \frac{y}{x} = K = \tan\theta$$

式中，θ 是相应点切线与 x 轴间的夹角。

对非线性检测装置，其灵敏度是变化的。一般希望检测装置的灵敏度 S 在整个测量范围内保持为常数。这样要求一方面有利于读数，另一方面便于分析和处理测量结果。此外，灵敏度越高，系统就越容易受外界干扰，即系统稳定性往往越差。

（2）精度

在静态测量中，由于任何检测装置和测量结果都含有一定大小的误差，所以人们感兴趣的往往是用误差来说明精度。

① 绝对误差 δ　绝对误差是检测装置显示值 x 与被测量 x_0 之间的代数差值，即

$$\delta = x - x_0 \tag{1-1}$$

绝对误差越小，则显示值越接近于真值，测量精度越高，但这结论只适用于被测值相同的情况，而不能说明不同值的测量精度。

② 相对误差 r　相对误差是绝对误差 δ 与真值 x_0 之比值，常用百分数表示，即

$$r = \frac{\delta}{x_0} \times 100\% = \frac{x - x_0}{x_0} \times 100\% \tag{1-2}$$

相对误差只能说明不同测量结果的准确程度，而不能用来评价检测仪表本身的质量。因为同一台检测仪表在整个测量范围里的相对测量误差不是定值，随着被测量的减小，相对误差也增大，当被测量接近于量程的起始零点时，相对误差趋于无限大，故一般不应测量过小的量，而多用在测量接近上限的量，如 2/3 量程处。

③ 满量程相对误差 q_{max}　检测仪表显示值绝对误差与仪表量程 L 之比值，称为仪表显示值的引用误差 q。引用误差常以百分数表示

$$q = \frac{\delta}{L} \times 100\% \tag{1-3}$$

满量程相对误差是检测仪表显示值的绝对误差的最大值与仪表量程 L 之比值的百分数，即

$$q_{max} = \frac{|\delta|}{L} \times 100\% = \frac{|x - x_0|}{L} \times 100\% \tag{1-4}$$

满量程相对误差是检测仪表基本误差的主要形式，故也常称为仪表的基本误差，它很好地说明了检测仪表的测量精度，是检测仪表的主要质量指标。

④ 精度等级　仪表在出厂检验时，其显示值的满量程误差不能超过其允许误差 Q（以百分数表示），即

$$q_{\max} \leqslant Q \tag{1-5}$$

工业检测仪表常以允许误差 Q 作为判断精度等级的尺度。规定：取允许误差百分数的分子作为精度等级的标志，即用满量程误差中去掉百分数（％）后的数字来表示精度等级，其符号是 G，则 $G = Q \times 100$，或 $Q = G\%$。

一般情况下，1.0 级精度仪表，表示其允许误差 $Q = \pm 1\%$，即允许误差的变化范围可以从 -1% 至 $+1\%$。应当注意的是：精度等级说明了满量程相对误差允许值的大小，它决不意味着该仪表实际测量中出现的误差。如果认为 1.0 级仪表所提供的测量结果一定包含着 $\pm 1\%$ 的误差，那就错了。只能说在规定的条件下使用时，它的绝对误差的最大值的范围是在量程的 $\pm 1\%$ 之内，即

$$\delta_{\max} = \pm G\% \times L = \pm 1\% \times L \tag{1-6}$$

（3）线性度 e_L

具有线性特性的检测装置最受用户欢迎。但实际上，由于各种原因，其输出量与输入量之间的关系并不是完全线性的。通常用检测装置的标定曲线与某种拟合直线之间的偏差程度作为线性度的一种度量，以输出最大偏差与满量程输出比值的百分数来表示其大小，即

$$e_L = \pm \frac{\Delta L_{\max}}{y_1} \times 100\% \tag{1-7}$$

式中，$\Delta L_{\max}$ 为输出平均值与基准拟合直线间的最大偏差；y_1 为满量程输出平均值。

（4）迟滞 e_H

检测装置的输入量由小增大（正行程），继而自大减小（反行程）的测试过程中，对应于同一输入量，输出量往往有差别，这种现象称为迟滞。迟滞是由于装置内部的弹性元件、磁性元件以及机械部分的摩擦、间隙、积塞灰尘等原因而产生，迟滞大小常用全量程中最大的差值 $\Delta H_{\max}$ 与满量程输出平均值之比的百分数表示

$$e_H = \frac{\Delta H_{\max}}{y_1} \times 100\% \tag{1-8}$$

式中，$\Delta H_{\max}$ 为输出值在正、反行程中的最大差值，见图 1-2。

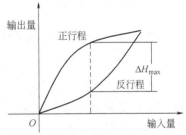

图 1-2　检测系统迟滞表示

（5）重复性

检测装置于多次重复测试时，在同是正行程或反行程中，对应于同一输入量，其输出量也不尽相同。重复性表示对应于同一输入量时，其输出量的重复程度。

（6）静态性能指标的其他术语

灵敏阈——又称为死区，是指由于摩擦或游隙等影响所引起的检测装置不响应的最大输入变化量，是衡量起始点不灵敏的程度。

分辨力——指能引起输出量发生变化时输入量的最小变化量 Δx。它说明了检测装置响应与分辨输入量微小变化的能力。可以用具体数值表示，也可用全量程中最大的 $\Delta x_{\max}$ 与满量程 L 之比的百分数表示。

测量范围——指检测装置能够正常工作的被测量的量值范围，即测量最小量（下限）至最大输入量（上限）之间的范围。

量程——指检测装置测量上限和测量下限之代数差。

稳定性——指在一定工作条件下，保持输入信号不变时，输出信号随时间或温度的变化而出现的缓慢变化程度。

可靠性——衡量检测装置可靠性的综合指标是有效度，其定义为

$$有效度 = \frac{平均无故障工作时间}{平均无故障工作时间 + 平均修复时间}$$

1.5 检测系统的动态特性

1.5.1 概述

许多工业生产中需要对保持恒定或者变化非常缓慢的量值进行检测，例如在化工生产中，需要测量恒定的压力或者恒定的温度。在这种情况下，检测系统的静态特性有着重要意义。然而，随着自动化程度的不断提高，就使重点转向检测系统是否能对变化中的信号保持足够的响应。如果传感器对输入量的突然变化响应缓慢，则对该输入量的自动控制就有问题。又例如，分析某振动检测系统时，被测参数本身就在变化，如果检测系统不能对变化着的振动的频率保持足够的响应，则所得的测量结果就全无用处。因此，研究检测系统的动态特性十分重要。

检测系统的动态特性是指在动态测量时，输出量与随时间变化的输入量之间的关系。通常在分析检测系统的动态特性时，常把一些典型信号作为输入信号，例如阶跃信号、斜坡信号、正弦信号。因为这些输入信号在检测系统中比较常见，并且系统对这些输入信号的响应特性较容易用实验方法求得。至于工程实践中一些复杂的输入信号，可以将其分解为若干阶跃信号或正弦信号之和。

1.5.2 检测系统的动态误差

动态特性好的检测系统应具有很短的暂态响应和很宽的频率响应特性。由于检测系统总是存在着机械的、电气的和磁的等惯性，从某种程度上说，任何实际的检测系统都不能精确地响应处在变化中的输入信号，也就是说，系统输出信号将不会与输入信号具有相同的时间函数，即存在动态误差。

在静态灵敏度 $S = 1$ 的情况下，检测系统的动态误差是输出信号与其相应的输入信号之差，可表示为

$$\varepsilon_x(t) = y_x(t) - x(t) \tag{1-9}$$

（1）稳态误差

动态误差中只与系统特性参数有关而与时间无关的那一部分误差称为系统的稳态误差。即使时间趋于无穷大，稳态误差也依然存在。

（2）瞬态误差

动态误差中与时间有关的那一部分误差称为系统的瞬间误差。一般来说，当时间趋于无穷大时，瞬态误差趋于零。

检测系统的动态误差可用动态特性曲线来描述。

1.5.3 常见检测系统的动态特性

常见的检测系统多为一阶或二阶系统，在动态特性分析中，灵敏度 S 仅起使输出相对

输入增大 S 倍的作用，因此为方便起见，在阐述一阶和二阶系统的动态特性时均取

$$S = \frac{b_0}{a_0} = 1 \tag{1-10}$$

（一）一阶系统的动态特性

在灵敏度 $S = 1$ 的条件下，一阶系统的输出输入方程可表示为

$$a_1 \frac{\mathrm{d}y(t)}{\mathrm{d}t} + a_0 y(t) = b_0 x(t) \tag{1-11}$$

或

$$\tau \frac{\mathrm{d}y(t)}{\mathrm{d}t} + y(t) = x(t) \tag{1-12}$$

式中，$\tau = a_1/a_0$ 为一阶系统的时间常数。

对式(1-12) 进行拉氏变换，可得一阶的传递函数为

$$H(s) = \frac{Y(s)}{X(s)} = \frac{1}{1 + \tau s} \tag{1-13}$$

对于稳定的检测系统，令式(1-13) 传递函数 $H(s)$ 中的复变数 $s = \mathrm{j}\omega(\omega = 2\pi f)$，可得其频率响应函数（又称频谱）为

$$H(\mathrm{j}\omega) = \frac{Y(\mathrm{j}\omega)}{X(\mathrm{j}\omega)} = \frac{1}{1 + \mathrm{j}\omega\tau} \tag{1-14}$$

一些 RC 滤波器、LC 谐振电路和热电偶测温系统都是一阶系统。

（1）瞬态响应

① 对阶跃输入的响应　当输入信号 $x(t)$ 为单位阶跃函数 $u(t)$ 时，即

$$u(t) = \begin{cases} 0, & t < 0 \\ 1, & t \geq 0 \end{cases} \tag{1-15}$$

其拉氏变换为 $X(s) = 1/s$。代入式(1-13) 可得

$$Y(s) = \frac{1}{1 + \tau s} \times \frac{1}{s} \tag{1-16}$$

对上式进行拉氏反变换可得瞬态响应　　$y_u(t) = 1 - \mathrm{e}^{-\frac{t}{\tau}} \tag{1-17}$

图 1-3 是一阶系统的阶跃响应曲线，它说明系统的实际输出量是按指数规律上升至最终值的（稳态输出值）。而理想的响应是应该得到阶跃输出，因此一阶系统的动态误差为

$$\varepsilon_u(t) = y_u(t) - u(t) = -\mathrm{e}^{-\frac{t}{\tau}} \tag{1-18}$$

并随着时间的增加按指数规律衰减。图 1-3 当 $t = \tau$，2τ，3τ，4τ，输出量仅为稳态输出值的 63.2%，86.5%，95%，98.2%。当 t 趋于无穷时，$\varepsilon_u(t)$ 趋于 0。

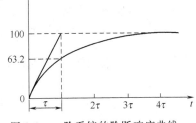

图 1-3　一阶系统的阶跃响应曲线

时间常数 τ 是按指数规律上升至最终值的 63.2% 所需的时间。时间 $t = 0$ 时，响应曲线的初始斜率为 $1/\tau$，要使斜率大，输出与输入差异小（即减小动态误差），就要求 τ 值小。所以，一阶系统的时间常数越小，响应越快。

② 对斜坡输入的响应　当一阶系统输入信号 $x(t)$ 为斜坡函数 $r(t)$ 时，即

$$r(t) = \begin{cases} 0, & t < 0 \\ t, & t \geq 0 \end{cases} \tag{1-19}$$

其拉氏变换为
$$X(s) = \frac{1}{s^2} \tag{1-20}$$

代入式（1-13）可得
$$Y(s) = \frac{1}{1+\tau s} \times \frac{1}{s^2} \tag{1-21}$$

则瞬态响应为
$$y_r(t) = (t-\tau) + \tau e^{-\frac{t}{\tau}} \tag{1-22}$$

其响应特性曲线如图1-4所示。

可见，时间常数 τ 越小，系统响应越快，动态误差越小。

（2）稳态响应

当一阶系统的输入信号为正弦函数 $x(t) = X_m \sin\omega t$ 时，常用频率响应函数来研究其输出的稳态响应。

由式（1-14）可得一阶系统的幅频特征为
$$|H(j\omega)| = \frac{1}{\sqrt{1+(\omega\tau)^2}} \tag{1-23}$$

相频特性为
$$\varphi(\omega) = -\arctan(\omega\tau) \tag{1-24}$$

图1-5是一阶系统的幅频及相频特性曲线。

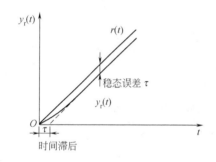

图1-4 一阶系统的斜坡输入响应曲线

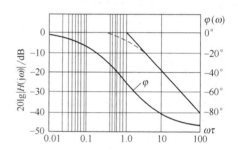

图1-5 一阶系统的幅频及相频特性曲线

通常用伯德图（对数坐标图）表示。在对数幅频图上，纵轴按对数 $20\lg|H(j\omega)|$ 均匀分度，表示输出幅值与输入幅值的比值，称为幅值比，单位是分贝（dB）。在对数相频图上，纵轴表示输出与输入的相位差 $\varphi(\omega)$，以度为单位，均匀分度。二者采用同一横轴，按 $\lg(\omega\tau)$ 分度，但以 $\omega\tau$ 标出。可以看出，理想的情况：幅频特性曲线应为常数，即 0dB 线（$s=1$）；相频特性曲线应为 $0°[\varphi(\omega)=0]$。

可见，欲使频率响应的动态误差减小，应尽可能采用时间常数 τ 小的检测系统。

（二）二阶系统的动态特性

典型的二阶系统的传递函数为
$$H(s) = \frac{\omega_n^2}{s^2 + 2\xi\omega_n s + \omega_n^2}$$

或
$$H(s) = \frac{1}{T^2 s^2 + 2\xi T s + 1} \tag{1-25}$$

式中，ω_n 为二阶系统的固有角频率，$\omega_n = \frac{1}{T}$；ξ 为二阶系统的阻尼率。

由式（1-25）可得其频率响应函数为
$$H(j\omega) = \frac{\omega_n^2}{s^2 + 2\xi\omega_n s + \omega_n^2}\bigg|_{s=j\omega} = \frac{1}{1-\left(\frac{\omega}{\omega_n}\right)^2 + j2\xi\frac{\omega}{\omega_n}} \tag{1-26}$$

（1）瞬态响应

① 对阶跃输入的响应　当输入信号为阶跃输入时，二阶系统输出信号的拉氏变换为

$$Y(s) = \frac{\omega_n^2}{s^2 + 2\xi\omega_n + \omega_n^2} \times \frac{1}{s} \tag{1-27}$$

a. 当 $\xi < 1$ 时，系统呈欠阻尼状态，系统特征方程式的根为一对共轭复根，故输出响应为

$$y_n(t) = 1 - \frac{e^{-\xi\omega_n t}}{\sqrt{1-\xi^2}} \sin(\sqrt{1-\xi^2}\,\omega_n t + \varphi) \tag{1-28}$$

式中，$\varphi = \arcsin\sqrt{1-\xi^2}$。

由式(1-28)可见，二阶系统在稳态值附近作衰减的正弦振荡，其阻尼振荡频率为

$$\omega_d = \omega_n\sqrt{1-\xi^2} \tag{1-29}$$

由上式可见，当二阶系统的固有频率 ω_n 一定时，阻尼振荡频率 ω_d 随阻尼率 ξ 值的增大而减小。

b. 当 $\xi = 1$ 时，系统处于临界阻尼状态，系统特征方程式的根为一对重根，其输出响应为

$$y_n(t) = 1 - \frac{1}{2\sqrt{\xi^2-1}}\left[(\xi+\sqrt{\xi^2-1})e^{-(\xi-\sqrt{\xi^2-1})\omega_n t} - (\xi-\sqrt{\xi^2-1})e^{-(\xi+\sqrt{\xi^2-1})\omega_n t}\right] \tag{1-30}$$

可见，系统没有振荡，输出量 $y(t)$ 以指数规律逼近稳态值，而响应的快慢取决于二阶系统的固有频率 ω_n。这是从欠阻尼状态至过阻尼状态的转折点。

c. 当 $\xi > 1$ 时，系统呈过阻尼状态，系统特征方程式的根为两个负实根，其输出响应为

$$y_n(t) = 1 - \frac{1}{2\sqrt{\xi^2-1}}\left[(\xi+\sqrt{\xi^2-1})e^{-(\xi-\sqrt{\xi^2-1})\omega_n t} - (\xi-\sqrt{\xi^2-1})e^{-(\xi+\sqrt{\xi^2-1})\omega_n t}\right] \tag{1-31}$$

可见，系统没有振荡，是非周期型过渡过程。

d. 当 $\xi = 0$ 时，系统呈无阻尼状态，系统特征方程式的根为一对纯虚根，其输出响应为

$$y_n(t) = 1 - \cos(\omega_n t) \tag{1-32}$$

可见，输出量 $y(t)$ 围绕稳态值作等幅振荡，其振荡频率为 ω_n，它完全由二阶系统本身的结构参数确定，ω_n 又称自振频率或无阻尼自振频率。

二阶系统在不同阻尼率 ξ 时，系统对阶跃输入的响应曲线如图1-6所示。

实际的检测系统，阻尼率常为 0.6～0.7，所以系统响应是衰减阻尼振荡过程。有的检测系统，不容易加阶跃输入，如力传感器，要突然加一常值力很困难，但是当已知常值力的力传感器已处于稳态后，突然卸掉常值力是很方便的，这时力传感器过渡过程就是回零过渡过程。二阶系统的回零过渡过程为

当 $0 < \xi < 1$ 时，

$$y(t) = -\frac{1}{\sqrt{1-\xi^2}} e^{-\xi\omega_n t}\sin(\sqrt{1-\xi^2}\,\omega_n t + \varphi) \tag{1-33}$$

当 $\xi = 1$ 时，

$$y(t) = (1+\omega_n t)e^{-\omega_n t} \tag{1-34}$$

当 $\xi > 1$ 时，

$$y(t) = \frac{1}{2\sqrt{\xi^2-1}}\left[(\xi+\sqrt{\xi^2+1})e^{-(\xi-\sqrt{\xi^2-1})\omega_n t} - (\xi-\sqrt{\xi^2-1})e^{-(\xi+\sqrt{\xi^2-1})\omega_n t}\right] \tag{1-35}$$

其回零过渡过程曲线如图1-7所示。

② 对斜坡输入的响应　当输入信号为斜坡函数时，二阶系统输出响应为

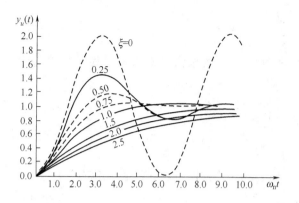

图 1-6　二阶系统的阶跃响应曲线　　　　　图 1-7　二阶系统的回零过渡过程

当 $\xi<1$ 时，

$$y_r(t)=t-\frac{2\xi}{\omega_n^2}+\frac{\mathrm{e}^{-\xi\omega_n t}}{\omega_n\sqrt{1-\xi^2}}\sin(\omega_n\sqrt{1-\xi^2}\,t+\varphi) \qquad (1\text{-}36)$$

式中，$\varphi=\arcsin 2\xi\sqrt{1-\xi^2}$。

当 $\xi=1$ 时，

$$y_r(t)=t-\frac{2}{\omega_n}+\frac{2}{\omega_n}(1+\frac{\omega_n t}{2})\mathrm{e}^{-\omega_n t} \qquad (1\text{-}37)$$

当 $\xi>1$ 时，

$$y_r(t)=t-\frac{2\xi}{\omega_n}+\frac{1+2\xi\sqrt{\xi^2-1}-2\xi^2}{2\omega_n\sqrt{\xi^2-1}}\mathrm{e}^{-(\xi+\sqrt{\xi^2-1})\omega_n t}-\frac{1-2\xi\sqrt{\xi^2-1}-2\xi^2}{2\omega_n\sqrt{\xi^2-1}}\mathrm{e}^{-(\xi-\sqrt{\xi^2-1})\omega_n t}$$

$$(1\text{-}38)$$

当 t 趋于无穷时，暂态分量衰减到零，此时二阶系统的稳态误差为 $2\xi/\omega_n$。可见减小 ξ，加大 ω_n，可以减小稳态误差，但是这会影响系统的超调量，所以通常采用适当的校正方法来解决。

二阶系统输入信号的响应曲线如图 1-8 所示。

（2）稳态响应

当二阶系统输入信号为正弦函数时，由式（1-26）可得幅频特性为

$$|H(\mathrm{j}\omega)|=\frac{1}{\sqrt{\left[1-\left(\dfrac{\omega}{\omega_n}\right)^2+2\xi\left(\dfrac{\omega}{\omega_n}\right)^2\right]}} \qquad (1\text{-}39)$$

相频特性为

$$\varphi(\omega)=-\arctan\frac{2\xi\dfrac{\omega}{\omega_n}}{1-\left(\dfrac{\omega}{\omega_n}\right)^2} \qquad (1\text{-}40)$$

典型二阶系统的伯德图如图 1-9 所示。该图的横坐标是以 ω/ω_n 表示的。

1.5.4　检测系统的动态性能指标

（一）时域动态性能指标

检测系统的时域动态性能指标一般都是用阶跃输入时检测系统的输出响应，即过渡过程曲线上的特性参数来表示。

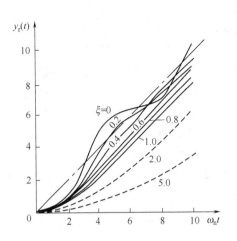

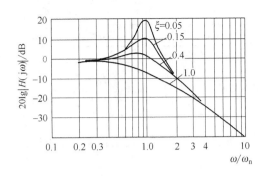

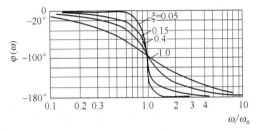

图 1-8 二阶系统的斜坡输入响应曲线　　　图 1-9 典型二阶系统的伯德图

一阶检测系统的时域动态性能指标示意如图 1-10 所示。

（1）时间常数

输出量上升到稳态值的 63.2% 所需的时间，称为时间常数。响应曲线的初始斜率为 $1/\tau$。

（2）响应时间 t_s

也称调节时间，在响应曲线上，系统输出响应达到一个允许误差范围的稳态值，并永远保持在这一允许误差范围内所需的最小时间，称为响应时间。

根据允许误差范围的不同有不同的响应时间。当系统输出响应到达稳态值的 98%、95%及 90%（也即允许误差为 2%、5%及 10%）时

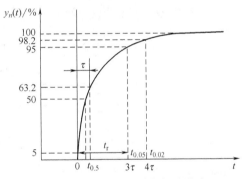

图 1-10　一阶检测系统的时域动态性能指标示意图

的响应时间为 $t_{0.02}=4\tau$，$t_{0.05}=3\tau$ 及 $t_{0.10}=2.3\tau$。由此可见，一阶检测系统的时间常数越小，系统的响应越快。

（3）上升时间 t_r

系统输出响应值从 15%（或 10%）到达 95%（或 90%）稳态值所需的时间，称为上升时间。由一阶系统实际输出量式(1-17)可得上升时间 t_r 为 2.25τ（或 2.2τ）。

（4）延迟时间 t_d

一阶系统输出响应值达到稳态值的 50%所需的时间，称为延迟时间。由式(1-17)可得 $t_d=t_{0.5}=0.7\tau$。

上述 4 个特征时间之间的关系如表 1-1 所示。

对于二阶检测系统，当 $\xi>1$ 时，在阶跃输入作用下，其输出响应曲线是非周期型的，也可以按一阶系统同样进行。

$\xi<1$（衰减振荡型）二阶系统的时域动态性能指标示意图见图 1-11。

表 1-1　一阶检测系统时域动态性能指标

名　称	与时间常数 τ 的关系	名　称	与时间常数 τ 的关系
时间常数 τ	τ	上升时间 t_r	$t_r = 2.25\tau$
响应时间 t_s	$t_{0.02} = 4\tau$		$t_r = 2.2\tau$
	$t_{0.05} = 3\tau$	延迟时间 t_d	
	$t_{0.10} = 2.3\tau$		$t_{0.5} = 0.7\tau$

除了上面讨论的延迟时间 t_d、上升时间 t_r、响应时间 t_s 外，动态性能指标还有如下几个。

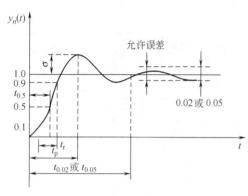

图 1-11　$\xi < 1$（衰减振荡型）二阶系统的
时域动态性能指标示意图

峰值时间 t_p——输出响应曲线达到第一个峰值所需的时间，称为峰值时间。因为峰值时间与超调量相对应，所以峰值时间等于阻尼振荡周期的一半，即 $t_p = T/2$。

超调量 σ——超调量为输出响应曲线的最大偏差与稳态值比值的百分数，即

$$\sigma\% = \frac{y(t_p) - y(\infty)}{y(\infty)} \times 100\%$$

衰减率 d——衰减振荡型二阶系统过渡过程曲线上相差一个周期 T 的两个峰值之比，称为衰减率。

上述衰减振荡型二阶检测系统的动态性能指标，其相互关系及计算公式如表 1-2 所示。

表 1-2　$\xi < 1$ 二阶检测系统时域动态性能指标

名　称	计　算　公　式
振荡周期 T	$T = \dfrac{2\pi}{\omega_d}$
振荡频率 ω_d	$\omega_d = \omega_n \sqrt{1-\xi^2}$
峰值时间 t_p	$t_p = \dfrac{n}{\omega_n \sqrt{1-\xi^2}} = \dfrac{\pi}{\omega_d} = \dfrac{T}{2}$
超调量 σ	$\sigma\% = \exp(-\pi\xi/\sqrt{1-\xi^2}) \times 100\% = \exp\left(-\dfrac{D}{2}\right) \times 100\%$
响应时间 t_s	$t_{0.02} = \dfrac{4.5}{\xi\omega_n} = \dfrac{4.5T}{D}$
	$t_{0.05} = \dfrac{3.5}{\xi\omega_n} = \dfrac{3.5T}{D}$
上升时间 t_r	$t_r = \dfrac{1 + 0.9\xi + 1.6\xi^2}{\omega_n}$
延迟时间 t_d	$t_d = t_{0.5} = \dfrac{1 + 0.6\xi + 0.2\xi^2}{\omega_n}$
衰减率 d	$d = \exp(2\pi\xi/\sqrt{1-\xi^2}) = \dfrac{1}{\sigma^2}$
对数衰减率 D	$D = \dfrac{2\pi\xi}{\sqrt{1-\xi^2}} = -2\ln\sigma$

（二）频域动态性能指标

检测系统的频域动态性能指标由检测系统的幅频特性和相频特性的特性参数来表示（见

14

图 1-12)。

(1) 带宽频率 $\omega_{0.707}$

对数幅频特性的 dB 值下降到频率为零时对数幅频特性以下 -3dB 时所对应的频率称为带宽频率 $\omega_{0.707}$。

(2) 工作频率（$0 \sim \omega_{gi}$）

当给定检测系统的幅值误差为 $\pm 1\%$、$\pm 2\%$、$\pm 5\%$、$\pm 10\%$ 时，所对应的频率称为截止频率 ω_{gi}。

这就是说当输入量的最高频率不超过截止频率 ω_{gi} 时，幅值误差不会超过所给定的允许误差。因此 $0 \sim \omega_{gi}$ 称为工作频率，它给出了幅频特性平直段的范围。这一指标是检测系统常用的。

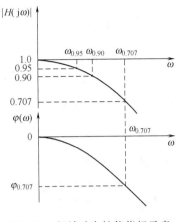

图 1-12　频域动态性能指标示意

(3) 谐振频率 ω_{r}

当 $|H(j\omega)| = |H(j\omega)|_{max}$ 时所对应的频率称为谐振频率 ω_{r}。

(4) 跟随角 $\varphi_{0.707}$

当 $\omega = \omega_{0.707}$ 时，对应于相频特性上的相角称为跟随角。

一阶、二阶检测系统频域动态性能指标的计算公式可由频率响应函数并按各项指标定义求出。

思考与讨论题

1. 试述检测系统的组成及其各部件的作用。
2. 试述常见信号种类及其传递形式。
3. 检测系统的静态特性性能指标有哪些？
4. 检测系统的动态特性性能指标有哪些？

第2章 传感器技术

2.1 传感器的选用

传感器是测试系统中的重要组成部分，其性能对测试系统有着直接的影响。如何根据测试目的和实际条件合理地选用传感器，是测试工作中首先遇到的问题。因此，本节就合理选用传感器的一些注意事项，做一概要介绍。

(1) 灵敏度

一般来说，传感器的灵敏度要高，且应为常数（静特性呈线性）。但也应考虑到，当灵敏度高时，与测量无关的外界噪声对传感器的干扰也会加大，对微小信号测量的影响尤其大。因此，传感器应在保证使用要求的情况下，选择适当的灵敏度，同时要求传感器本身的噪声要小，即信噪比要高，且应屏蔽外界对其的干扰。与灵敏度密切相关的是量程。应注意的是灵敏度高时，量程往往变小。所以选择传感器时要综合考虑灵敏度和量程的需要。

此外，若被测量是单方向量，那么要求传感器的单向灵敏度要高，而横向灵敏度要愈小愈好；如被测量是二维或三维向量时，则对传感器还应要求交叉灵敏度愈小愈好。

(2) 准确度

传感器的准确度应与测量目的和要求相适应，并非愈大愈好。过高的准确度要求会使传感器的结构复杂，价格激增，同时使用和维修困难，所以要根据实际要求来确定传感器的准确度，定性测量或定量测量，粗测或精测，对传感器的准确度应有不同的要求。例如，如果是定量分析，那么必须获得准确的量值，因而要求传感器有足够高的准确度；如果是属于相对比较性的定性分析，这时只需获得相对比较值即可，那么只需要求传感器的重复性高，而无需要求绝对量值。

(3) 响应特性

在动态测试中，传感器的响应特性对测量结果有直接影响，在选用时应充分考虑被测物理量的变化特点（有稳态、瞬态、随机等）。为此，在所测频率范围内，传感器的响应特性必须越短越好。一般来说，光电效应、压电效应等物性型传感器的响应时间短，工作受到传感器结构特性的影响（如传感器本身机械系统惯性质量的限制）大，其固有频率较低，因而工作频率范围较窄。

(4) 线性范围

任何传感器都有一定的线性范围，在线性范围内传感器的稳态输出与稳态输入成线性比例关系。线性范围越宽，说明传感器的工作量越大。传感器的输入增大时，除非有专门的非线性校正措施，传感器的工作不应进入非线性区域。然而，由于传感器的工作原理和使用的材料不同等原因，任何传感器都不能保证其稳态输出输入之间是绝对线性关系。所以，在某些情况下，所选择的传感器可工作于非线性范围内，但应使非线性误差控制在允许的范围内。例如，间隙型的电容式、电感式传感器，均允许在初始间隙附近的近似线性区内工作。

（5）可靠性

所谓可靠性是指在规定的工作条件下和使用时间内，传感器保持原有技术性能的能力。

传感器结构的小型化和复杂化，环境温度、湿度、压力和介质条件的变化，处于振动和冲击条件下，以及电源波动、电磁波和核辐射等，都会影响传感器工作的可靠性。因此，为了保证传感器在使用中具有高的可靠性，事前需选用设计、制造良好，使用条件适宜的传感器。在使用过程中，应严格保持规定的使用条件，尽量减轻使用条件的不良影响。例如，对于间隙变化型的电容式传感器，环境湿度或有油剂侵入间隙时，会改变电容器间介质的介电常数，从而影响了传感器的性质。对于磁电式传感器及霍尔效应元件，当在电场、磁场中工作时，也会产生测量误差。对于电阻应变式传感器，环境湿度会影响其绝缘性、温度会影响其零漂、长期受载会产生蠕变现象等。所有这些测量条件的变化，都会使传感器产生测量误差。所以，在选用传感器之前，必须对使用要求和环境条件进行调查了解，以便正确选用合适的传感器，保证在规定的使用时间内和使用条件下能可靠地工作。

除了上述几点外，还要求传感器的价格便宜、有互换性、容易维修等。当然传感器不可能同时满足上述所有的要求，但应根据测量目的、要求和环境条件等具体情况综合考虑，最大限度地满足上述要求。

2.2 常用传感器

传感器是一种能够将被测物理量（如力、应变、位移、速度、加速度、温度、压力等）转成与之相对应的、易于检测、传输、放大和处理的信号的功能性器件。

传感器的作用是与人的感觉器官相类似。人的感觉器官——眼、耳、鼻等，可以将自然界中事物的特征及其变化现象——色、声、味等，转变成相应的信号传输给大脑，然后经过脑的分析、判断发出指令，使有关器官产生相应的行动。传感器是将被测对象——声、力、温度等及其变化转换为可测信号，传送给测试装置的中间变换器，供中间变换器做进一步的处理，以便最后得到所需要的测试数据。

目前，由于电子技术的进步，使电量具有便于传输、转换、处理、显示记录等特点，因此，通常传感器将非电量转换成电量输出。

2.2.1 传感器的构成

传感器一般由弹性元件、传感元件和辅助件组成。有时也将信号调节与转换电路、辅助电源作为传感器的组成部分。

（1）弹性元件

直接感受被测量，并输出与被测量成确定关系的其他量的元件。传感器中利用弹性元件将要检测的非电量转换成传感元件敏感的量，再通过传感元件变换成电量输出。例如，电阻应变式加速度传感器就采用悬臂梁作弹性元件，先将加速度通过质量块转换成惯性力，作用于悬臂梁，使贴在其上的电阻应变片产生应变，从而使应变片阻值发生相应变化，再通过电桥电路输出与加速度成一定比例关系的电压或电流。

弹性元件在扩展传感器的检测范围和提高传感器灵敏度与精度方面起着重要作用。

（2）传感元件

传感元件又称变换器，一般情况下它不直接感受被测量，而是将弹性元件的输出量转换为电参量输出。例如，应变式传感器中的应变片就是传感元件，其作用是将弹性元件——模片的变形转换为电阻值的变化。传感元件有时也直接感受被测量而输出与被测量成确定关系的电参数，如热电偶和热敏电阻等。

（3）辅助件

辅助件主要用于支撑和安装弹性元件、传感元件及输出接头的构件。

有些传感器只有传感元件而无弹性元件和辅助件，如光电池。也有弹性元件直接输出电量而兼为传感元件，如压电式压力传感器等。

2.2.2　传感器的分类

目前，传感器的分类方法主要有以下几种。

（1）按被测物理量分类

这种分类方法明确地表示了传感器的用途，便于使用者选用，如位移传感器用于测量位移，温度传感器用于测量温度等。

（2）按传感器转换能量的情况分类

① 能量转换型　有称发电型，不需要外加电源而将被测能量转换成电能量输出。这类传感器有压电式、磁电感应式、热电偶、光电池等。

② 能量控制型　又称参量型，需外加电源才能输出电能量。这类传感器有电阻式、电容式、电感式、霍尔式等传感器，以及热敏电阻、光敏电阻、湿敏电阻等。

（3）按传感器的工作原理分类

① 结构型　被测参数变化引起传感器的结构变化，使输入电量变化，如电感式、电容式、光栅式等传感器就属于结构型传感器。

② 物性型　利用某些物质的某种性质随被测参数而变化的原理构成。传感器的性能与材料密切有关，如光电管、各种半导体传感器、压电式传感器等都属于物性型传感器。

（4）按传感器转换过程可逆与否分类

① 单向传感器　只能将被测量转换成电量，不能逆向转换的传感器称为单向传感器。绝大多数传感器属于这一类。

② 双向传感器　能在传感器的输入、输出作双向传输，即具有可逆特性的传感器称为双向传感器。包括压电式和磁电感应式传感器。

（5）按传感器输出信号形式分类

① 模拟式传感器　传感器输出模拟信号。

② 数字式传感器　传感器输出数字信号，如编码器式传感器。

应该指出，习惯上常把工作原理和用途结合起来命名传感器，如电感式位移传感器、压电式加速度传感器等。

2.3　电阻式传感器

电阻式传感器将被测量（如温度、湿度、力、应变、位移、加速度等）变换成电阻的变化。电阻变化量通过中间变换器（如电桥）转换成电流或电压，便可进行测量、记录。

电阻式传感器的传感元件是电阻元件，根据电阻元件不同，可分为电位器式、应变片式、敏感电阻式（如电敏电阻、气敏电阻、湿敏电阻、磁敏电阻等）多种，其中最常用的是电阻应变片式，而电阻应变片本身就是一种电阻式传感器。电阻应变片有金属箔式、丝式和半导体应变片几种。

2.3.1 工作原理

(一) 应变计的构成及原理

电阻应变计（也称应变片）种类繁多，形式多样，其基本构造却大体相同。现以丝绕式应变计为例说明。

图 2-1 所示为丝绕式应变计的基本结构示意图。它由直径为 0.025mm 左右的高电阻率的合金电阻丝 2 绕成栅栏形的敏感栅。敏感栅为应变片的敏感元件，它的作用是敏感应变量的变化。敏感栅黏结在基底 1 上，基底除能固定敏感栅外，还有绝缘作用。敏感栅上粘贴有覆盖层 3，敏感栅电阻丝两端焊接引线 4，用以和外接导线相连。图中 l 称为应变片的标距或基长，它是敏感栅沿轴方向测量变形的有效长度。对具有圆弧端的敏感栅，是指圆弧外侧之间的距离；对具有较宽横栅的敏感栅，指两横栅内侧之间的距离。基宽度 b 是指最外两敏感栅外侧之间的距离。

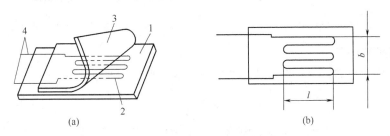

图 2-1　丝绕式应变计的基本结构

1—基底；2—电阻丝；3—覆盖层；4—引线

下面介绍几种常见的应变片及其特点。

(1) 丝式应变片

① 回线式应变片　回线式应变片是将电阻丝绕制成敏感栅黏结在各种绝缘的基底上制成的。它是一种常用的应变片，制作简单、性能稳定、价格便宜、易于粘贴。其敏感材料直径在 0.012～0.025mm 之间，以 0.025mm 左右为最常用。其基底很薄（一般在 0.03mm 左右），因而粘贴性能好，能有效地传递变形。引线多用 0.15～0.30mm 直径的镀锡铜线与敏感栅相接。图 2-2(a) 为常见的回线式应变片结构示意图。

(a) 回线式应变片　　　　　　　(b) 短接式应变片

图 2-2　丝式应变片

② 短接式应变片　这种应变是将敏感栅平行安放，两端用直径比栅丝直径大 5～10 倍的镀银导线焊接起来而构成 [见图 2-2(b)]。

这种应变片的突出优点是克服了回线式应变片的横向效应（应变片对垂直于它的主轴线的应变响应程度）。但由于焊点多，在冲击、振动试验条件下，易在焊接点处出现疲劳破坏，制造工艺要求高。

(2) 箔式应变片

这类应变片是利用照相制版或光刻腐蚀的办法，将电阻箔材在绝缘基底上制成各种图形而成的应变片。箔材厚度多在 0.001～0.01mm 之间。利用光刻技术，可以制成各种需要的复杂形状。图 2-3 为常见的几种箔式应变片结构形式。它具有很多优点，在测试中得到了日益广泛的应用，在常温条件下，已经逐步取代了丝绕式应变片。

（3）半导体应变片

常见的半导体应变片是用锗和硅等半导体材料作为敏感栅，一般为单根状（如图 2-4 所示）。根据压阻效应，半导体和金属丝一样可以把应变转换成电阻的变化。

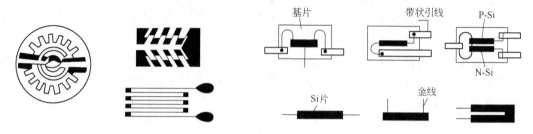

图 2-3　箔式应变片　　　　　　　图 2-4　半导体应变片的结构形式

（二）工作原理

若导体的长度为 L，截面积为 A，电阻率为 ρ，则导体的电阻 R 为

$$R = \rho \frac{L}{A}$$

式中，L、A、ρ 三个参数的变化都会引起电阻的变化，其变化值 $\mathrm{d}R$ 为

$$\mathrm{d}R = \frac{\rho}{A}\mathrm{d}L + \frac{L}{A}\mathrm{d}\rho - \frac{\rho L}{A^2}\mathrm{d}A \tag{2-1}$$

方程两边都除以 R，由于 $R = \rho \dfrac{L}{A}$，则可得

$$\frac{\mathrm{d}R}{R} = \frac{\mathrm{d}L}{L} + \frac{L}{A}\mathrm{d}\rho - \frac{\mathrm{d}A}{A}$$

若导体截面为圆形，则 $A = \pi r^2$，$\mathrm{d}A = 2\pi r\mathrm{d}r$，由材料力学的理论可以知道，$\dfrac{\mathrm{d}L}{L} = \varepsilon$，$\dfrac{\mathrm{d}r}{r} = -\mu \dfrac{\mathrm{d}L}{L}$，$\dfrac{\mathrm{d}\rho}{\rho} = \lambda\sigma$，$\sigma = E\varepsilon$，上式可变为

$$\frac{\mathrm{d}R}{R} = (1 + \lambda E + 2\mu)\varepsilon \tag{2-2}$$

式中，μ 是泊松比；λ 是压阻系数；σ 是导体轴向正压力；E 是导体弹性模量；ε 是导体的应变。令 $S = 1 + \lambda E + 2\mu$，则

$$\frac{\mathrm{d}R}{R} = S\varepsilon \tag{2-3}$$

式中，S 是电阻应变片的灵敏度系数。

一般金属丝电阻应变片的灵敏度系数 $S = 1\sim2$，而半导体电阻式应变片，由于它的压阻系数 λ 和弹性模量 E 都比较大，S 可达 $60\sim150$。

从半导体物理可知，半导体在压力、温度及光辐射作用下，能使其电阻率发生很大变化，这种现象称为压阻效应。研究表明，单晶半导体在外力作用下，原子点阵排列规律发生变化，导致载流子迁移率及载流浓度的变化，从而引起电阻率的变化。

式（2-3）中的 $(1+2\mu)\varepsilon$ 项是由几何尺寸变化引起的，$\lambda E\varepsilon$ 是由于电阻率变化而引起的。

对半导体而言，后者远远大于前者，所以式（2-3）可简化为

$$\frac{\mathrm{d}R}{R}\approx\lambda E\varepsilon \tag{2-4}$$

这样，半导体应变片的灵敏度为

$$S=\frac{\mathrm{d}R}{R\varepsilon}\approx\lambda E \tag{2-5}$$

这一数值比金属丝电阻应变片大 50～70 倍。

可见，金属丝电阻应变片与半导体应变片的主要区别在于：前者是利用导体变形引起电阻的变化，后者利用导体材料的压阻效应引起电阻的变化。

几种常用半导体材料特性见表 2-1。从表中可以看到，不同材料、不同的载荷施加方向，压阻效应不同，灵敏度也不同。

表 2-1　几种常用半导体材料特性

材料	电阻率 $\rho/\times10^2\,\Omega\cdot m$	弹性模量 $/\times10^{11}Pa$	灵敏度	晶向
P 型硅	7.8	1.87	175	[1 1 1]
N 型硅	11.7	1.23	−133	[1 0 0]
P 型锗	15.0	1.55	102	[1 1 1]
N 型锗	16.6	1.55	−157	[1 1 1]
N 型硅	1.5	1.55	−147	[1 1 1]

2.3.2　应变式传感器

应变式传感器的用途主要有以下两个方面。

① 测定结构的应变或应力。例如，为了研究某些构件在工作状态下的受力、变形情况，可利用不同形状的应变片，贴在构件的选定部件，测得构件的拉应力、压应力或弯矩等，为结构设计、应力校核或构件破坏的预测等提供可靠的实验数据。

② 通过弹性元件来测量力、位移、压力、加速度等物理参数。在这种情况下，弹性元件得到与被测量成正比例的应变，再由应变片转换为电阻的变化。

2.4　电感式传感器

电感式传感器是把被测量转换为电感量变化的一种器件。其变换是基于电磁感应原理。按变换方式的不同可分为自感型（包括可变磁阻式与涡流式）与互感型（差动变压器）。

2.4.1　自感型传感器工作原理

（1）可变磁阻式

可变磁阻式传感器结构原理图如图 2-5 所示。它由线圈、铁芯和衔铁组成，在铁芯和衔铁之间有空气隙 δ。当线圈中通以电流 i 时，产生的磁通 $\varPhi_m$，其大小与电流成正比，即

$$W\varPhi_m=Li \tag{2-6}$$

式中，W 为线圈匝数；L 为比例系数，称为自感，H。

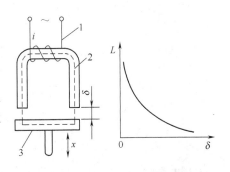

图 2-5　可变磁阻式传感器结构原理
1—线圈；2—铁芯；3—衔铁

又根据磁路欧姆定律

$$\Phi_m = \frac{W_i}{R_m} \qquad (2-7)$$

式中，W_i 为磁动势；R_m 为磁阻。

代入式(2-6)，则自感

$$L = \frac{W^2}{R_m} \qquad (2-8)$$

如果空气隙 δ 较小，而且不考虑磁路的铁损和铁芯磁阻时，则

$$R_m \approx \frac{2\delta}{\mu_0 A_0} \qquad (2-9)$$

式中，δ 为气隙长度，m；μ_0 为空气磁导率，$\mu_0 = 4\pi \times 10^{-7}$（H/m）；$A_0$ 为空气隙导磁截面积，m^2。

代入式(2-8)，则

$$L = \frac{W^2 \mu_0 A_0}{2\delta} \qquad (2-10)$$

此式表明：自感 L 与气隙长度 δ 成反比，而与空气隙导磁截面积 A_0 成正比。当固定 A_0、变化 δ 时，L 与 δ 成非线性关系，此时传感器灵敏度

$$S = -\frac{W^2 \mu_0 A_0}{2\delta^2} \qquad (2-11)$$

灵敏度 S 与气隙长度的平方成反比，δ 越小，灵敏度越高。由于 S 不是常数，故会出现非线性误差。为了减小这一误差，通常规定在较小间隙范围内工作。例如，设间隙变化范围为 $(\delta_0, \delta_0 + \Delta\delta)$，则灵敏度

$$S = -\frac{W^2 \mu_0 A_0}{2\delta^2} = -\frac{W^2 \mu_0 A_0}{2(\delta_0 + \Delta\delta)^2} \approx -\frac{W^2 \mu_0 A_0}{2\delta_0^2}\left(1 - 2\frac{\Delta\delta}{\delta_0}\right) \qquad (2-12)$$

由此式可以看出，当 $\Delta\delta \ll \delta_0$ 时，由于 $1 - 2\dfrac{\Delta\delta}{\delta_0} \approx 1$，故灵敏度 S 趋于定值，即输出与输入近似地成线性关系。

图 2-6 列出了几种常用可变磁阻式传感器的典型结构。图 2-6(a) 是可变导磁面积型，其自感 L 与 A_0 成线性关系，这种传感器灵敏度较低。

图 2-6(b) 是差动型，衔铁位移时，可以使两个线圈的间隙按 $\delta_0 + \Delta\delta$、$\delta_0 - \Delta\delta$ 变化。一个线圈自感增加，另一个线圈自感减小。将两个线圈接于电桥相邻桥臂时，其输出灵敏度可提高一倍，并改善了线性特性。

图 2-6(c) 是单螺管线圈差动型，当铁圈在线圈中运动时，将改变磁阻，使线圈自感发生变化。这种传感器结构简单、制造容易，但灵敏度低，适用于较大位移（数毫米）测量。

图 2-6(d) 是双螺管线圈差动型，较之单螺管线圈差动型，有较高灵敏度及线性，被用

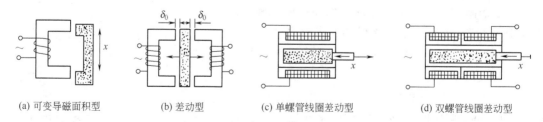

(a) 可变导磁面积型　　　(b) 差动型　　　(c) 单螺管线圈差动型　　　(d) 双螺管线圈差动型

图 2-6　可变磁阻式传感器典型结构

于电感测微计上，其测量范围为 $0\sim300\mu m$，其分辨力可达 $0.5\mu m$。这种传感器的线圈接于电桥上，构成两个桥臂，线圈电感 L_1、L_2 随铁芯位移而变化，其输出特性如图 2-7 所示。

（2）涡电流式（涡流式）

涡流式传感器的变换原理是利用金属导体在交变磁场中的涡电流效应，如图 2-8 所示。一块金属板置于一只线圈的附近，相互间距 δ，当线圈中有一高频交变电流 i 通过时，便产生磁通 Φ_1。此交变磁通通过邻近的金属板，金属板上会产生感应电流。这种电流在金属体内是闭合的，称之为"涡电流"或"涡流"。这种涡电流也将产生交变磁通 Φ。根据楞次定律，涡电流的交变磁场与线圈的磁场变化方向相反，Φ 总是抵抗 Φ_1 的变化。由于涡流磁场的作用（对导磁材料还有气隙对磁路的影响）使原线圈的等效阻抗 Z 发生变化，变化程度与距离 δ 有关。

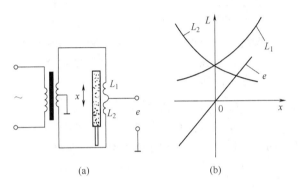

图 2-7　双螺管线圈差动型电桥电路及输出特性　　　　图 2-8　涡流式传感器原理

分析表明，影响高频线圈阻抗 Z 的因素，除了线圈与金属板间距离 δ 以外，还有金属板的电阻率 ρ、磁导率 μ 以及线圈励磁圆频率 ω 等。当改变其中某一因素时，即可达到不同的变换目的。例如，变化 δ，可作为位移、振动测试；变化 ρ 或 μ 值，可作为材料鉴别或探伤等。

2.4.2　电感式传感器的特点与用途

可变磁阻式电感传感器一般用于静态和动态接触测量。它主要用于位移测量，也可以用于振动、压力、负荷、流量、液位等参数测量。当它用于精密小位移测量时，一般约为 $0.001\sim1mm$。

涡流式电感传感器可用于动态非接触测量，测量范围约为 $0\sim1500\mu m$，分辨力可达 $1\mu m$。此外，这种传感器还有结构简单、使用方便、不受油污等介质影响等优点。因此，近几年来，涡流式位移、振动测量仪、无损探伤仪、测厚仪等在机械、冶金等工业部门中日益得到广泛应用。差动变压式电感传感器，具有测量精确度高、线性范围大、稳定性好和使用方便等特点，被广泛应用于直线位移，或可能转换为位移变化的压力、质量、液位等参数的测量。

2.5　电容式传感器

电容式传感器实质上是一个具有可变参数的电容器，通过电容传感元件将被测物理量转换为电容量的变化。

2.5.1 工作原理

从物理学可知，由两个平行极板组成的电容器，其电容量为

$$C=\frac{\varepsilon_0\varepsilon A}{\delta} \tag{2-13}$$

式中，C 为电容器的电容量，F；ε 为极板间介质的相对介电常量，在空气中 $\varepsilon=1$；ε_0 为真空介电常量，$\varepsilon_0=8.85\times10^{-12}\mathrm{F/m}$；$\delta$ 为极板间距离，m；A 为极板面积，$\mathrm{m^2}$。

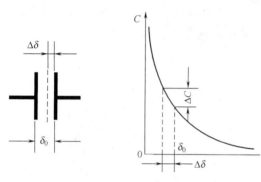

图 2-9　极距变化型电容传感器

此式表明，当被测量使 δ、A 或 ε 发生变化时，都会引起电容 C 的变化。如果保持其中两个参数不变，而仅改变另一个参数，就可把该参数的变化变换为单一电容量的变化。根据电容器变化的参数，可将电容传感器分为极距变化型、面积变化型和介质变化型三类。在实际中，极距变化型与面积变化型应用较为广泛。

（1）极距变化型

如果两极板相互覆盖面积及极间介质不变，则电容量 C 和极距 δ 成非线性关系（图 2-9）。当极距有一微小变化量引起电容的变化量为

$$\mathrm{d}C=-\varepsilon\varepsilon_0A\frac{1}{\delta^2}\mathrm{d}\delta$$

由此可以得到传感器灵敏度

$$S=\frac{\mathrm{d}C}{\mathrm{d}\delta}=-\varepsilon\varepsilon_0A\frac{1}{\delta^2} \tag{2-14}$$

可以看出，灵敏度 S 与极距平方成反比，极距越小，灵敏度越高。显然，由于灵敏度随极距而变化，这将引起非线性误差，通常规定在较小的间隙变化范围内工作，以便获得近似的线性关系。一般取极距变化范围为 $\Delta\delta/\delta_0\approx0.1$。

在实际应用中，常常采用差动式。这是为了提高传感器灵敏度、线性度以及克服某些外界条件（如电源电压、环境温度等）的变化对测量精确度的影响。

（2）面积变化型

在变换极板面积的电容传感器中，常用的有角位移型与线位移型两种（如图 2-10 所示）。

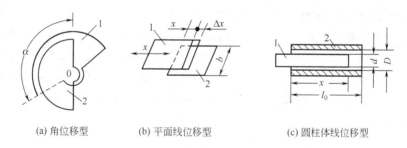

(a) 角位移型　　(b) 平面线位移型　　(c) 圆柱体线位移型

图 2-10　面积变化型电容传感器

1—动板；2—定板

图 2-10(a) 为角位移型，当动板有一转角时，它与定板之间相互覆盖的面积就发生变

化，因而导致电容量的变化。由于覆盖面积

$$A = \frac{\alpha r^2}{2}$$

式中，α 为覆盖面积对应的中心角，rad；r 为极板半径，m。

所以电容量
$$C = \frac{\varepsilon_0 \varepsilon \alpha r^2}{2\delta} \qquad (2\text{-}15)$$

灵敏度
$$S = \frac{dC}{d\alpha} = \frac{\varepsilon_0 \varepsilon r^2}{2\delta} = 常数 \qquad (2\text{-}16)$$

从而输入与输出为线性关系。

图 2-10（b）为平面线位移型电容传感器，当动板沿 x 方向移动时，覆盖面积变化，电容量也随之变化。由于电容量

$$C = \frac{\varepsilon_0 \varepsilon b x}{\delta} \qquad (2\text{-}17)$$

式中，b 为极板宽度，m。

灵敏度
$$S = \frac{dC}{dx} = \frac{\varepsilon_0 \varepsilon b}{\delta} = 常数 \qquad (2\text{-}18)$$

图 2-10（c）为圆柱体线位移型传感器，动板（圆柱）与定板（圆筒）相互覆盖，其电容量

$$C = \frac{2\pi\varepsilon_0 \varepsilon x}{\ln(D/d)} \qquad (2\text{-}19)$$

式中，D 为圆筒孔径，m；d 为圆筒外径，m。

当覆盖长度变化时，电容量 C 发生变化，其灵敏度

$$S = \frac{dC}{dx} = \frac{2\pi\varepsilon_0 \varepsilon x}{\ln(D/d)} = 常数 \qquad (2\text{-}20)$$

面积变化型电容器传感器的优点是输出与输入成线性关系，但与极距变化型相比，灵敏度较低，使用于较大直线位移及角位移测量。

2.5.2　电容式传感器的用途

当用电容器直接测试直线位移、角位移及介质的几何尺寸（或称物位）时，这些参数可以是静态的，也可以是动态的。用于上述三类非电量参数测量的变换器一般来说原理比较简单，无需再作任何变换。

用来测试金属表面状况、距离、振幅等参量时，往往采用单极式变间隙电容传感器，使用时常将被测物作为传感器的一个极板，而另一个电极板在传感器内，近年来已采用这种方法测量油膜等物质的厚度。

测物位的传感器多数是采用电容式传感器，还可用于测试原油和粮食中的含水量等。

当电容器用于测试其他物理量时，必须进行预变换，将被测参数转换成极板间距离 δ、极板覆盖面积 A 或极板间介质介电常数 ε 的变化。

2.6　其他特殊用途传感器

2.6.1　光纤传感器

（一）光纤传感器的分类

光纤传感器技术是 20 世纪 70 年代发展起来的一种新型传感器技术，它是伴随着光纤维

及光纤通信技术的发展而逐步形成的。光纤传感器的应用非常广泛，目前用光纤传感器可以探测的物理量有近70多种。按照被测对象的不同，光纤传感器可分为位移、压力、温度、流量、速度、加速度、振动、应变、磁场、电压、电流、化学量、生物医学量等各种光纤传感器。

光纤传感器是以光学测量为基础的。按光纤的作用，光纤传感器可分为两大类：一类是利用光纤本身的某种敏感特性或功能制成的传感器，它不仅起传输光波的作用，还起着敏感元件的作用，这类传感器称为功能型传感器；另一类传感器中，光纤仅仅起光媒介的作用，在光纤中断部的端面加装其他敏感元件构成传感器，称这类传感器为传光型传感器。图 2-11 是它们的分类图，其中传光型传感器又可分为两种：一种是把敏感元件置于发送与接收的光纤中间，在被测对象的作用下，使敏感元件遮断光路，或使敏感元件的（光）穿透率发生变化，使光探测器所接收的光量成为被测调制后的信号；另一种是在光纤终端设置"敏感元件＋发光元件"的组合件，敏感元件感受被测对象并将其变换为电信号后作用于发光元件，最终发光元件的发光强度作为测量所得信号。

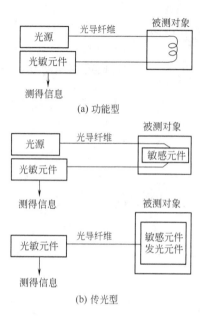

(a) 功能型

(b) 传光型

图 2-11　光导纤维传感器分类

（二）光纤的传光原理

光纤是用很细的石英玻璃制成的（图 2-12），每一根光纤的中央有一个细芯（折射率为 n_1），称为芯子，其直径只有几十微米。芯子的外面有一圈包层（折射率为 n_2，n_1 略大于 n_2），包层的外径约为 $100\sim200\mu m$。光纤的最外层为保护层（折射率为 n_3，$n_3\geqslant n_2$）。这样的构造保证了进入光纤的光波将集中在芯子内传输。

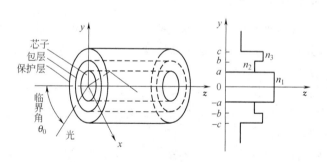

图 2-12　光纤的基本结构

由物理学可知，当光线从折射率为 n_1 的高折射率介质 1 以 θ_1 入射到折射率为 n_2 的低折射率介质 2 时（图 2-13），折射角 θ_2 将小于入射角 θ_1，并且部分入射光束进入介质 2，而另一部分光束被反射，它们之间的相对强度取决于两种介质的折射率。

图 2-14 中光线入射角 θ_1 大于等于临界角 θ_c 时，界面上发生全内反射，进入介质 1 的折射光束将逐步弯向界面，直到如图 2-14（b）所示，其 θ_2 将逐渐趋向于零，同时进入介质 1 的光强度将显著减小并趋向于零。这样，反射光强就接近于入射光强。对应于 $\theta_2＝0$ 时 θ_1 的极限值，定义为临界角 θ_c。当 $\theta_1＜\theta_c$ 时，如图 2-14（c）所示，入射光线将产生全反射，

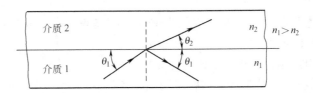

图 2-13　光线从高折射率介质向低折射率介质传播时发生反射和折射

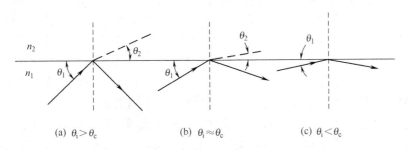

(a) $\theta_i > \theta_c$　　　　(b) $\theta_i \approx \theta_c$　　　　(c) $\theta_i < \theta_c$

图 2-14　光线入射角不同时的反射情况

光能量不进入介质 1 中。光纤正是利用这一原理工作的，如图 2-15 所示，当光线以某一角度 θ_i 入射到光纤的芯子，并射至芯子与包层的交界面时，光线在该处会有透射和反射。θ_i 有一个极大值 θ_{max}，在这个角度下，内光线将以临界角 θ_c 投射到光纤的内壁上，这样的光线在每次碰到纤芯和包层界面时都会发生全反射。光线经界面无数次反射，以锯齿形状的路线在芯子内向前传播，最后从光纤的尾端以与入射角 θ_i 相等的出射角射出光纤。这就是光纤的传光原理。因此 θ_{max} 确定了光纤的接收角的半角。由图 2-15 和光折射与反射的斯涅尔（Snell）定律可导出光线由折射率为 n_0 的外界介质（空气 $n_0 = 1$）射入纤芯时实现全反射的临界角（始端最大入射角）为

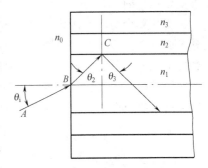

图 2-15　光线在光纤中的传播

$$\sin\theta_{max} = \frac{1}{n_0}(n_1^2 - n_2^2)^{\frac{1}{2}} = NA \qquad (2\text{-}21)$$

式中，NA 定义为数值孔径，它是系统集光性能的量度。它表示：无论光源发射功率多大，只有 $2\theta_{max}$ 张角内的光才能被光纤接收、传播（全反射）。光纤的 NA 值越大，表明它可以在越大的入射角范围内进行集光。石英光纤的 NA 为 $0.2 \sim 0.4$。

（三）光纤传感器的特点

① 光纤传感器是一种很灵敏的检测元件，其灵敏度、线性度和动态范围不亚于传统传感器。

② 由于光纤是石英等绝缘材料制成的，并且采用光波传递信息，不受电磁干扰，电气绝缘性能好，可安全传输信号，在强电磁干扰下能完成传统传感器难以完成的某些参量的测量。

③ 光波传输信息时无漏电和放电现象，不会引起被测介质的燃烧、爆炸。光纤化学稳定性好，耐高压，耐腐蚀，耐高温，因而适用于在易燃、易爆和强腐蚀性等恶劣环境中安全

工作。

④ 光纤传感器重量轻、体积小、柔软性好、结构简单，具有良好的几何形状适应性，有利于在狭窄的空间中使用。

⑤ 光纤传感器频带很宽，有利于超高速测量。

利用现有光通信技术，易于实现远距离测试。

（四）光纤传感器在复合材料固化监测中的应用

复合材料产品具有重量轻、强度高、耐腐蚀等优点，在军用和民用领域逐步得到应用，但由于复合材料成型工艺的分散性，在实际生产中，难以得到稳定的质量与性能。复合材料的固化工艺过程是决定其质量与力学性能的重要因素，传统的成型工艺多是采用基于经验的固定规范，无法得到成型过程中各状态参数变化的信息，不能充分发挥复合材料可设计性的优势。对材料的固化工艺过程进行在线监控，是解决这一问题有效的手段，它对于稳定产品质量、降低成本、提高材料加工与制造的重复性具有十分重要的意义。

光纤传感器是随着光纤通信技术的蓬勃发展涌现出来的一种先进的传感器，它以光测量技术为基础，不仅可应用于传统的测量领域，也可用于易燃、易爆、高电场及高磁场等恶劣环境中，发展十分迅速。20 世纪 80 年代末期，国外开始了光纤传感器监测复合材料固化过程的研究，由于光纤传感器体积很小，与复合材料基体具有良好的兼容性，使其可以方便地埋于复合材料内部，对固化成型过程中的工艺参数进行测量，实现提高产品质量的目的。

树脂基复合材料的固化过程是树脂与催化剂（促进剂）由小分子通过交联反应聚合形成大分子的过程。通过对树脂固化过程的跟踪，可以从一个侧面实现对复合材料成型工艺过程信息的提取，这种提取如果是实时的，也即实现了复合材料成型过程的在线监测。

初期对树脂基复合材料固化过程的研究包括动态弹簧法、动态差示扫描量热法（DSC）、红外频谱法以及介电法等。这些方法或是由于只能够对小型试件进行离线测量，或是由于测量精度低、成本高等原因，在实际生产中并没有得到广泛应用。随着对光纤传感技术研究的深入及其技术的日益成熟，20 世纪 80 年代末期，国外开始了光纤传感器监测复合材料成型工艺过程的研究，研究内容涉及光纤对复合材料力学性能的影响、光纤埋入技术、光纤固化监测传感器、固化信息提取与评价等各个方面。目前所取得的研究成果显示，光纤传感器具有良好的固化过程监测能力，与复合材料基体结合良好，几乎不影响材料力学性能，与传统固化监测传感器相比，具有明显的优势，它为

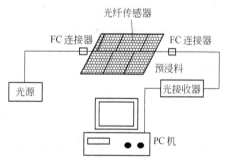

图 2-16　光纤传感器监测复合材料固化过程

树脂基复合材料工艺过程的监测提供了崭新的方法和手段。光纤传感器监测复合材料固化工艺过程，多是利用它体积小、敏感度高的特点，预先埋于预浸料铺层中来测量工艺过程参数，整个系统如图 2-16 所示。根据不同的光纤固化监测传感机理，能够从不同的角度观察固化过程。

复合材料的固化工艺过程中，树脂基体发生一系列复杂的化学反应，从微观上看都是小分子通过交联反应聚合成体形网状结构的大分子的过程。聚合物中的每一种共价键都有一定的键折射系数，在复合材料基体固化期间，分子键发生重组，导致材料的折射率产生变化。对固化过程中树脂折射率变化规律研究发现，树脂的折射率是交联密度的函数，它随着固化

交联反应的深化而增加。例如，对于环氧树脂，固化过程中其折射率的变化约为1.55～1.58，也就是说，可以通过跟踪树脂折射率的变化获得树脂固化度的信息，光纤折射率传感器监测复合材料固化过程正是根据这一原理设计的。

由光导纤维导光原理知，光纤纤芯的折射率n_1略大于包层的折射率n_2，这才能使入射角小于孔径角的光线在纤芯与包层的界面上发生全反射，沿光纤纤芯传输。如果沿光传输方向剥去一段（2～3cm）光纤的包层，使光纤形成的结构，纤芯裸露部分即成为固化监测光纤传感器的传感段，将其埋入复合材料中时，光线在纤芯-树脂界面产生的折射现象，会导致一部分光由此散失，造成光的衰减，通过跟踪光功率的变化，即可获得树脂固化程度的信息。

用来监测复合材料固化过程的光纤折射率传感器（图2-17），除了如图2-16所示的结构外，还有其他多种形式。例如，邹建等在被腐蚀掉包层的普通光纤纤芯上涂上一薄层树脂，树脂固化后作为传感段埋于树脂基体中测量折射率的变化。Afromowitz采用一小段已经固化的与光纤纤芯直径大小相近的圆柱形环氧树脂作为传感段，它分别与输入、输出光纤连接后埋于预浸料铺层中。固化反应开始前树脂折射率小于这一段环氧树脂折射率，固化过程中随着树脂折射率的增加，接收端光功率将逐渐减少，当树脂完全固化时，其折射率与传感段相同，输出光功率不再发生变化。测量

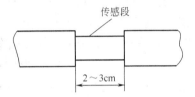

图 2-17　光纤折射率传感器结构

过程中，平滑的光纤端面相当于一个反射系数随树脂折射率改变而逐渐变化的透镜，根据Fresnel公式，反射率为

$$R=\frac{(n_{12}-1)^2}{(n_{12}+1)^2} \tag{2-22}$$

式中，$n_{12}=\dfrac{n_1}{n_2}$，n_1为纤芯折射率；n_2为树脂折射率。

所以，通过测量由树脂折射率n_2变化导致的反射光功率的变化，可以实时跟踪树脂基复合材料固化的过程。Kassamakov在此基础上又对光纤的反射端面形状做了改进，采用具有曲面形状的光纤端面，并认为可以提高测量的灵敏度。

基于树脂折射率测量的光纤固化监测传感器系统结构简单，一般采用单色光源，光接收端只需要测得光功率的变化，经济实用，但多数情况需采用高折射率纤芯的特种光纤，并且只能定性地反应固化过程，折射率测量范围也有限制。

红外吸收光谱光纤传感器监测复合材料固化过程则不同。由物质的吸收性质可知道，当光波通过介质时，会有特定波长的光被物质吸收。基于红外光谱分析技术的光纤传感器就是利用这一原理来监测树脂的固化过程的。由化学反应动力学知，固化过程中活动功能基团浓度的变化，可以作为树脂固化反应进行程度的判据，即可以用来确定树脂的固化度。固化反应中特定功能基团化学键的类型及其浓度的变化均可由光谱分析技术获得，其中，化学键类型决定了光吸收峰波段，功能基团浓度的变化则反应了固化反应的程度。采用不同的光谱分析和数据处理技术，可以定性或定量地获得固化度信息，用于复合材料固化过程监测的光纤红外传输谱传感器和光纤折射率波传感器都是基于这一原理而设计的。

光纤红外传输谱传感器是将位于同一直线上且端面距离为0.5～1.5mm的两段光纤预先埋入预浸料中，光纤的另外两端分别与扫描式单色仪和光谱分析仪相连接。固化反应开始

后，黏度逐渐下降的树脂将流入两光纤端面的缝隙中，光接收端就可以获得树脂的吸收光谱。根据 Beer-Lamhert 定律，通过对间隔一定时间所采集的一系列树脂红外吸收光谱的分析，即可以定量地获得环氧、氢氧以及氨基等功能基团的浓度，确定固化反应的速度和程度。

光纤折射率传感器是另外一种基于红外吸收光谱分析的固化监测传感器，其结构形式与图 2-17 所示的光纤折射率传感器类似，只是传感段要长一些，一般约为 20cm。固化监测时，随着树脂黏度的下降，光纤折射率将通过纤芯-树脂界面散失，通过光接收端所获得的树脂吸收光谱就可以动态获得固化反应的信息。光纤折射率传感器一般需要高纤芯折射率的特种光纤，灵敏度也较低。

基于红外光谱分析的光纤固化监测传感器能够定量确定固化反应程度，但是需要宽带光源和复杂的光谱分析设备，数据处理量大，应用成本较高。

光导纤维在使用过程中，光纤侧面由于受到不均匀的压力所导致的光纤轴线发生周期性微米级的弯曲，称为光纤的微弯。光纤微弯会使损耗增加，造成光传输功率的能量损失，其主要原因是由于光纤的周期性微弯会引起光纤中传导模和辐射模之间光功率的反复耦合，致使传导模的部分光功率辐射到纤芯外面。光纤微弯的弯曲很小但弯角很大，微弯形态如图 2-18 所示。

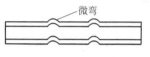

图 2-18　光纤微弯形态

复合材料预浸料中的增强纤维具有固定的空间频率，在材料的固化工艺过程中，由于不同固化阶段增强纤维所承受的载荷不同，其传递到光纤传感段的压力也随之变化，进而造成不同的光纤微弯程度，产生光纤微弯损耗。基于这一现象，张博明等提出采用光纤微弯传感器监测复合材料的固化成型过程，为了提高测量的灵敏度，埋于预浸料铺层中的光纤传感段去除包层以增敏。复合材料的热压成型实验结果显示，光纤微弯传感器可以准确给出树脂黏度最低点和固化完成点的时间，可重复性较好，灵敏度与固化过程的压强相关。采用光纤微弯传感器监测复合材料的固化过程，其关键是针对所使用的预浸料选择合适的光纤铺设角度，以及对光纤进行适当的增敏处理以提高测量的灵敏度。这种方法所需仪器设备简单，实用性强，可以很方便地向实际生产转化。

光纤 Bragg 光栅传感器是近年来发展迅速的一种光纤传感器。光纤 Bragg 光栅传感器采用光波波长编码方式传感被测信号，使其克服了强度调制型传感器必须补偿光纤连接器和耦合器损耗以及光源输出功率起伏的弱点；采用波分复用技术，在一根光纤上就可以实现准分布式测量。

光纤 Bragg 光栅传感器工作的基本原理可以归结为 Bragg 波长的测量。Bragg 波长 λ_B 与光纤纤芯有效折射率 n_{eff} 以及光纤光栅呈周期性变化的纤芯折射率一个周期的长度 Λ 相关，它们有如下关系

$$\lambda_B = 2n_{eff}\Lambda \tag{2-23}$$

当光纤 Bragg 光栅传感器埋入复合材料基体中时，基体内部的应变及由此产生的光弹效应，会导致 n_{eff} 和 Λ 均发生改变，从而产生 Bragg 波长的位移，由解调系统测得 Bragg 波长的位移，即可以得到应变值，典型的光纤 Bragg 光栅测量系统如图 2-19所示。

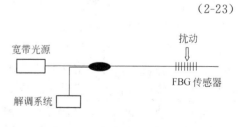

图 2-19　光纤 Bragg 光栅测量系统原理图

Kalamaekfu 将光纤 Bragg 光栅传感器应用于复合材料的拉挤工艺过程中，分别采用碳纤维和玻璃纤维作为增强纤维，光纤传感器黏附于位于进给分束卡中心的纱线上，实时监测材料成型过程中应变的变化。光纤 Bragg 光栅传感器在实验中显示了良好的静、动态特性，与传统的应变测量仪输出结果吻合良好。Murukeshan 则在树脂基复合材料的热压工艺中应用光纤 Bragg 光栅传感器监测成型过程，从 Bragg 波长随时间的变化曲线可以跟踪材料内部的变化历程，树脂固化的玻璃化阶段以及被测区域内的脱层、裂纹等缺陷也有所反映。

光纤 Bragg 光栅传感器的应用中一直存在着交叉敏感问题，即光纤光栅对于应力和温度都是敏感的，当光纤光栅用于传感测量时，很难分辨出应力和温度所分别引起的 Bragg 波长的变化，因此在实际应用中应采取措施进行补偿或区分。

Fabry-Perot 干涉仪是由法国物理学家 Fabry 和 Perot 于 1897 年发明的，它利用了多光束干涉的原理，相对于双光束干涉的麦克尔逊（Michelson）干涉仪和马赫-泽德（Mach-Zehnder）干涉仪，分辨率和灵敏度都得到显著提高。Fabry-Perot 光纤传感器是 Fabry-Perot 干涉仪的光纤化，在结构上由于没有参考光路，减少了光纤器件，结构更加紧凑实用。传统的光纤 Fabry-Perot 传感器采用相干单色光源，一般只能进行应变的相对测量。加拿大 Roctest 公司利用双干涉仪串联的技术，实现了对应变绝对值的测量，并已经生产出商品化的光纤 Fabry-Perot 传感器，这类 Fabry-Perot 干涉传感器由于采用宽带光源，通常又叫白光干涉光纤传感器。

光纤 Fabry-Perot 传感器应用于复合材料成型工艺中监测固化过程，多是根据所测得的成型过程中树脂基体应变历程，来标识固化反应进行的程度。例如，Lawrence 利用埋于树脂基体内的光纤 Fabry-Perot 传感器测量热压成型工艺过程中材料内部应变的变化，并利用获得的数据结合工艺力学模型来计算复合材料结构内部的残余应力。Kalamkarov 则在复合材料拉挤成型工艺中做了类似的工作。

埋于复合材料中的光纤 Fabry-Perot 传感器在成型工艺过程中显示出良好的生存和在线测量的能力，对温度变化不敏感，性能稳定。

光纤折射率传感器监测固化过程的整个测量系统结构简单，成本低廉，十分适合在工程现场应用，但其只能定性获得固化信息的特点，限制了它更高层次的应用。光纤微弯传感器适用于复合材料的热压工艺，传感器结构简单，所需仪器设备简单，测量的重复性较好，适于工业现场的应用。基于树脂红外吸收光谱分析的光纤红外传输谱传感器和光纤折射率传感器可以获得固化化学反应的直接信息，并且不受温度、压力等因素的干扰，但其无法获得非化学反应因素如树脂流动对固化质量的影响，而且光谱分析设备较为昂贵。光纤 Fabry-Perot 传感器和 Bragg 光栅传感器被认为是最有发展前途的两类传感器，它们测量精度高，经过改进后能够测量三维应变，但目前的传感器制造工艺复杂，测量系统的成本较高。

光纤传感器在工程中的广泛应用，还应着重解决几个问题。首先是低成本实用化的光纤传感系统的研究，其中涉及传感器的制造方法以及灵敏可靠、结构紧凑的解调系统；其次是光纤传感器的实用化研究，包括传感器的封装、温度补偿、分布式测量等技术的研究。

2.6.2　网络化传感器技术

随着计算机技术、网络技术与通信技术的高速发展与广泛应用，出现了将自动测试技术和它们相结合的网络化测试技术。网络化测试系统实现了大型复杂系统的远程测试，是信息时代测试的必然趋势。在测控系统中，传感器是信息采集必不可少的装置，它也必然顺应网络化这一潮流，便出现了网络化传感器的概念。网络化传感器是指传感器在现场级实现TCP/IP协议，使现场测控数据就近登临网络，在网络所能及的范围内实时发布和共享。

设计网络化传感器的目标是采用标准的网络协议，同时采用模块化结构将传感器和网络技术有机地结合起来。敏感元件输出的模拟信号经A/D转换及数据处理后，由网络处理装置根据程序的设定和网络协议（TCP/IP）将其封装成数据帧，并加上目的地址，通过网络接口传输到网络上。反过来，网络处理器又能接收网络上其他结点传给自己的数据和命令，实现对本结点的操作。这样，传感器就成为测控网中的一个独立节点。网络化传感器的基本结构如图2-20所示。

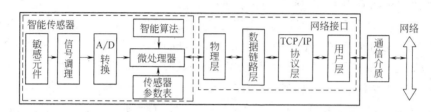

图 2-20　网络化传感器的基本结构

要使网络化传感器成为独立节点，具有网络节点的组态性和互操作性，实现就近连到网上甚至实现"即插即用"，其关键是网络接口的标准化。

1994年IEEE和NIST联合发起、制定了"灵巧传感器接口标准IEEE1451"。"标准"采用通用的A/D或D/A转换装置作为传感器的I/O接口，将应用的各种传感器的模拟量转换成标准规定格式的数据，连同一个小存储器——传感器电子数据表、TEDS标准规定的处理器目标模型——网络适配器NCAP连接，这样，数据可以按网络规定的协议登临网络。采用通常的处理器和数模转换器，不限用于特定的传感器，也不限用于特定的网络，具有标准化接口的处理器，能使多种普通传感器藉以登临网络而成为网络的一个独立节点，并使其具有网络节点的组态性和互操作性。下面详细介绍基于该标准的两类网络化传感器：有线网络化传感器和无线网络化传感器。

IEEE1451.2标准中仅定义了接口逻辑和TEDS的格式，其他部分由传感器制造商自主实现，以保持各自在性能、质量、特性与价格等方面的竞争力。同时，该标准提供了一个连接智能变送器接口模型STIM和NCAP的10线的标准接口——变送器独立接口TII，主要定义二者之间点点连线、同步时钟的短距离接口，使传感器制造商可以把一个传感器应用到多种网络和应用中。符合IEEE1451标准的有线网络化传感器的典型体系结构如图2-21所示。

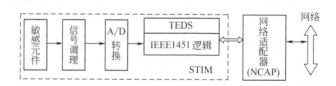

图 2-21　基于IEEE1451的有线网络化传感器的典型体系结构

其中，变送器模型由符合标准的变送器自身带有的内部信息：制造商、数据代码、序列号、使用的极限、未定量以及校准系数组成。当电源加上STIM时，这些数据可以提供给NCAP及系统的其他部分。当NCAP读入一个STIM中TEDS数据时，NCAP可以知道这个 STIM 的通信速度、通道数及每个通道上变送器的数据格式（12 位还是 16 位），并且知道所测量对象的物理单位，知道怎样将所得到的原始数据转换为国际标准单位。

变送器电子数据单 TEDS 分为可以寻址的 8 个单元部分，其中 2 个是必须具备的，其他的是可供选择的，主要为将来扩展所用。其中，综合 TEDS：必备，主要描述 TEDS 的数据结构，STIM 极限时间参数和通道组信息。通道 TEDS：必备，包括对象范围的上下限、不确定性、数据模型、校准模型和触发参数。校准 TEDS：每个 STIM 通道包含一个，包括最后校准日期、校准周期和所有的校准参数，支持多结点的模型。特殊应用 TEDS：每个 STIM 一个，主要应用于特殊的对象。扩展 TEDS：每个 STIM 一个，主要用于 IEEE 1451.2 标准将来工业应用中的功能扩展。另外两个是通道辨识 TEDS 和校准辨识 TEDS。

STIM 中每个通道的校准数学模型一般是用多项式函数来表示的，为了避免多项式的阶数过高，可以将曲线分成若干段，每段分别包括变量多少、漂移值和系数数目等内容。NCAP 可以通过规定的校准方法来识别相应的校准策略。

现在设计基于 IEEE1451.2 标准的网络化传感器已经非常容易，特别是 STIM 和 NCAP 接口模块，硬件可以使用专用的集成芯片，如 EDI1520、PLCC44，软件模型采用 IEEE1451.2 标准的 STIM 软件模块，如 STIM 模块、STIM 传感器接口模块、TII 模块和 TEDS 模块。

在大多数测控环境下，传感器采用有线方式使用，而在一些特殊的测控环境（无人区、偏远地区）下使用有线电缆传输传感器信息是不方便的，为此，有人提出将 IEEE1451.2 标准和蓝牙（bluetooth）技术结合起来设计无线网络化传感器，以解决原有有线系统的局限。无线网络化传感器将使人们的生活成为真正的信息世界，给人们生活带来巨大变化。

蓝牙技术是 1998 年 5 月，由 Ericsson、IBM、Intel、Nokia 和 Toshiba 等公司联合主推的一种低功率短距离的无线连接标准的代称。它是实现语音和数据无线传输的开放性规范，其实质是建立通用的无线空中接口及其控制软件的公开标准，使不同厂家生产的设备在没有电线或电缆相互连接的情况下，能在近距离（10cm～100m）范围内具有互用、互操作的性能。而且，蓝牙技术还具有其他优点，如工作频段全球通用、使用方便、安全加密、抗干扰能力强、兼容性好、尺寸小、功耗低以及多路多方向链接。

基于 IEEE1451.2 和蓝牙协议的无线网络化传感器由 STIM、蓝牙模块和 NCAP 三部分组成，其体系结构如图 2-22 所示。

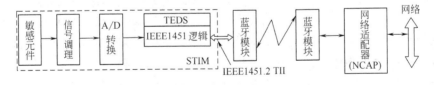

图 2-22　无线网络化传感器的体系结构

在 STIM 和蓝牙模块之间是 IEEE1451.2 协议定义的 10 线 TII 接口。蓝牙模块通过 TII 接口与 STIM 相连，通过 NCAP 与 Internet 相连，承担了传感器信息和远程控制命令的发送和接收任务。NCAP 通过分配的 IP 地址与网络（Ethernet 或 Internet）相连。

与基于 IEEE1451.2 标准有线网络化传感器相比，无线网络化传感器除增加了两个蓝牙模块外，其余部分是一样的，前面已经详细论述，在此不再讨论。对于蓝牙模块部分，标准的蓝牙电路使用 RS-232 或 USB 接口，而 TII 是一个控制链接到它的 STIM 的串行接口，因此，必须设计一个类似于 TII 接口的蓝牙电路，构造一个专门的处理器来完成控制 STIM 和转换数据到用户控制接口 HCI（host control interface）的功能。国外有不少公司已推出了基于蓝牙技术的硬件和软件的开发平台，如爱立信的蓝牙开发系统 EBDK、AD 公司的快速开发系统 QSDK。利用开发系统可方便、快速地开发出基于蓝牙协议的无线发送和接收的模块。

IEEE1451.2 标准的颁布为有效简化开发符合各种标准的网络化传感器带来了一定的契机，而且随着蓝牙技术在网络化传感器中的应用，无线网络传感器将使人们的生活变得更精彩，更富有生命力和活力。

2.7　传感器的集成化和智能化技术

传感器是人类探知自然界的触觉，为人们认识和控制相应的对象提供条件和依据。在信息社会中，人们为了推动社会生产力的发展，需要用传感器来检测许多非电量信息，传感器是流程自动控制系统和信息系统的关键技术之器件，其技术水平将直接影响到自动化系统和信息系统的水平。目前世界上的传感器的种类约有 2 万多种，当前传感器的发展主要体现在以下几个方面。

① 利用新的物理现象、化学反应、生物效应作为传感器原理。日本夏普公司利用超导技术研制成功高温超导磁性传感器，是传感器技术的重大突破，其灵敏度仅次于超导量子干涉器件。而它的制造工艺远比超导量子干涉器件简单，可用于磁成像技术。抗体和抗原在电极表面相遇复合时会引起电极电位的变化，利用这一现象可以制成免疫传感器，用这种抗体制成的免疫传感器可以对生物体内是否有这种抗原进行检查。美国加州大学已经研制出这种传感器。

② 利用新材料。传感器材料是传感器技术的基础，一些新型传感器随着材料科学的发展而涌现。高分子聚合物能随周围环境的相对湿度的大小而成比例地吸收或释放水分子。高分子的介电常数小，水分子能提高聚合物的介电常数。将高分子电介质做成电容器测定电容量的变化，即可得出相对湿度，利用这个原理可制成等离子聚合法聚苯乙烯薄膜温度传感器。陶瓷电容式压力传感器是一种无中介液的干式压力传感器，它采用了先进的陶瓷技术和薄膜电子技术，年漂移量小于 0.1％FS，温漂小于 5％/10K，性能稳定，抗过载性强。光导纤维的应用是传感材料的重大突破。温度、压力、电场、磁场等环境条件变化都会引起光纤传输的光波强度、相位、频率、偏振态等变化。测量光波量的变化就可以知道导致这些变化的温度、压力、电场、磁场等物理量的大小，利用这个原理就可以研制出光导纤维传感器。哈尔滨工业大学研制成功了"新型本征半导电高分子压力温度双参传感器"，所使用的自由基高聚物是一种压敏系数极高的高分子材料，通过表面处理调整平面工艺的掺杂工艺参数，实现了在一定参数范围内，压敏芯片温度灵敏漂移控制在 50～100 之内。

③ 利用新的加工技术。半导体中的一些加工技术，如氧化、光刻、沉积、平面电子工艺、各相导性腐蚀及蒸镀、溅射薄膜等，都已经引进传感器制造中来，产生了各种新型传感器。例如，利用半导体技术制造出硅微传感器；利用薄膜工艺制造出快速响应的气敏、湿敏传感器；利用溅射薄膜工艺制造压力传感器等。日本横河公司利用各向导性腐蚀技术进行高精度微加工，制成全硅谐振式压力传感器。美国 MI 公司开发的硅微压力传感器，它经过多次蚀刻将惠斯登电桥制于硅膜片上，当硅膜片上方受力时，产生变形，电阻产生压电效应而失去平衡，输出与压力成比例的电信号。这样的硅微传感器是当今传感器发展的前沿技术。

中国航天总公司北京测量技术研究所研制的 CYJ 系列溅射膜压力传感器是采用离子溅射工艺加工成金属应变计，它克服了非金属应变计易受温度影响的不足，具有高稳定性，适用于各种场合，被测介质范围宽。

传感器的这些发展为传感器向智能化、集成化方向发展奠定了基础，这也正是传感器发展的总体趋势。首先，集成传感器的优势是传统传感器无法达到的，它不仅仅是一个简单的传感器，其将辅助电路中的元件与传感元件集成在一块芯片上，使之具有校准、补偿、自诊断和网络通信的功能。美国 Motorola 公司的 MPX 就是这一类传感器。而智能化传感器是一种带微处理器的传感器，是微型计算机和传感器技术相结合的产物，它兼有检测、判断和信息处理等功能，与传统的传感器相比有很多优点。具有判断和信息处理功能，能对测量值进行修正、误差补偿，因而提高测量精度；能实现多传感器多参数测量；有自诊断和自校准功能，提高可靠性；测量数据可存取，使用方便；有数据通信接口，能与微型计算机直接通信。

美国 HONYWELL 公司 ST-3000 型智能传感器芯片尺寸才 3mm×4mm×2mm，采用半导体工艺，在同一芯片上制成 CPU、EPROM，目前有静压、压差、温度三种传感器。

到 21 世纪初，微电子技术、大规模集成电路技术、计算机技术达到成熟期，光电子技术进入发展的中期，超导电子等新技术将进入发展的初期，均为研制新一代传感器提供了发展的条件。可以预测：a. MENT 技术将高速发展，成为新一代微传感器、微系统的核心技术，是 21 世纪传感器技术领域中带有革命性变化的高新技术；b. 新型敏感材料将加速开发，微电子、光电子、生物化学、信息处理学科、技术相互渗透和综合利用，可望研制出一批先进传感器；c. 二次传感器和传感器系统的比例大幅度增长，集成化、智能化传感器和传感器系统成为传感器发展的主要方向；d. 将出现网络化传感器。灵敏元件与传感器发展的总趋势是集成化、多功能化、智能化和系统化。

2.7.1　智能传感器

智能传感器是当今国际科技界研究的热点，尚无统一的、确切的定义。这里不讨论(intelligent sensor 或 smart sensor) 两个术语的区别，统称为智能传感器。

目前国内外学者普遍认为，智能传感器是由传统的传感器和微处理器（或微计算机）相结合而构成的，它充分利用计算机的计算和存储能力，对传感器的数据进行处理，并能对它的内部行为进行调节，使采集的数据最佳。智能传感器的功能如下。

① 自补偿能力：通过软件对传感器的非线性、温度漂移、时间漂移、响应时间等进行自动补偿。

② 自校准功能：操作者输入零值或某一标准量值后，自校准软件可以自动地对传感器进行在线校准。

③ 自诊断功能：接通电源后，可对传感器进行自检，检查传感器各部分是否正常，并可诊断发生故障的部件。

④ 数值处理功能：可以根据智能传感器内部的程序，自动处理数据，如进行统计处理、剔除异常值等。

⑤ 双向通信功能：微处理器和基本传感器之间构成闭环，微处理机不但接收、处理传感器的数据，还可将信息反馈至传感器，对测量过程进行调节和控制。

⑥ 信息存储和记忆功能。

⑦ 数字量输出功能：输出数字信号，可方便地和计算机或接口总线相连。

目前研制的智能传感器只具有上述功能中的一部分。传统的传感器只能作为敏感元件，检测物理量的变化，而智能传感器则包括测量信号调理（如滤波、放大、A/D 转换等）、数据处理以及数据显示全部功能。可见智能传感器的功能已延伸到仪器的领域。

随着科学技术的发展，智能传感器的功能将逐步增强，它将利用人工神经网、人工智能、信息处理技术（如传感器信息融合技术、模糊理论等），使传感器具有更高级的智能，具有分析、判断、自适应、自学习的功能，可以完成图像识别、特征检测、多维检测等复杂任务。

智能传感器主要由传感器、微处理器（或微计算机）及相关电路组成，其结构框图如图 2-23 所示。

被测量 → 传感器 → 信号调理电路 → 微处理器 → 输出接口 → 数字量输出

图 2-23　智能传感器的结构

传感器将被测的物理量转换成相应的电信号，模数转换后，送到微计算机中。计算机是智能传感器的核心，它不但可以对传感器测量数据进行计算、存储、数据处理，还可以通过反馈回路对传感器进行调节。由于计算机充分发挥各种软件的功能，可以完成硬件难以完成的任务，从而大大降低传感器制造的难度，提高传感器的性能，降低成本。

智能传感器的结构可以是集成的，也可以是分离式的，按结构可以分为集成式、混合式和模块式三种形式。集成智能传感器是将一个或多个敏感器件与微处理器、信号处理电路集成在同一硅片上，集成度高，体积小。这种集成的传感器在目前的技术水平下还很难实现。将传感器和微处理器、信号处理电路做在不同的芯片上，则构成混合式的智能传感器（hybrid smart sensor），目前这类结构较多。初级的智能传感器也可以有许多互相独立的模块组成，如将微计算机、信号调理电路模块、输出电路模块、显示电路模块和传感器装配在同一壳体内，则到信号调理电路中进行滤波、放大、模-数转换，体积较大，但在目前的技术水平下，仍不失为一种实用的结构形式。

智能传感器具有以下优点。

① 逻辑思维与判断、信息处理功能，可对检测数值进行分析、修正和误差补偿。智能传感器可通过查表方式使非线性信号线性化，可容易地通过用软件研制的滤波器对数字信号滤波，还能用软件实现非线性补偿或其他更复杂的环境因素补偿，因而提高了测量准确度。

② 有自诊断、自校准功能，提高了可靠性。智能传感器可以检测工作环境，并当环境条件接近临界极限时能给出报警信号，还能通过分析器输入信号状态给出诊断信息。当智能传感器因内部故障不能正常工作时，通过内部测试环节，可检测出不正常现象或部分故障。

③ 可实现多传感器多参数复合测量，扩大了检测与适用范围。微处理器使智能传感器很容易实现多个信号的运算，其组态功能可使同一类型的传感器工作在最佳状态，并能在不同场合从事不同的工作。

④ 检测数据可以存取，使用方便。智能传感器可以存储大量的信息供查询，包括装置的历史信息、目录表、测试结果等。

⑤ 有数字通信接口，能与计算机直接联机，相互交换信息，便于信息管理，如可以对检测系统进行遥控以及跟定测量工作方式，也可将测量数据传送给远方用户等。

2.7.2 多功能传感器

多功能传感器能转换两种以上的不同物理量。例如，使用特殊的陶瓷把温度和湿度敏感元件集成在一起，作成温湿度传感器；把检测钠离子和钾离子的敏感元件集成在一个基片上，制成测量血液中离子成分的传感器；将检测几种不同气体敏感元件用厚膜制造工艺作在同一基片上，制成检测 H_2S、C_8H_{18}、NH_3 气体的多功能传感器；在同一硅片上制作应变计和温度敏感元件，制成同时测量压力和温度的多功能传感器，该传感器还可以实现温度补偿。此外，日本学者还研制出其他多功能传感器，如测量温湿度和风速、测量物体表面光洁度和温度的传感器。有些多功能传感器是混合式的，分别制作几个传感器并组装起来。

多功能传感器和微处理机、信号处理电路结合起来，则组成多功能智能传感器。

多功能传感器主要有以下几种不同的实现原理及结构形式。

① 几种不同的敏感元件组合在一起形成一个传感器，可以同时测量几个参数。各敏感元件是独立的。例如，把测温度和测湿度的敏感元件组合在一起，可以同时测量温度和湿度。

② 几种不同的敏感元件制作在同一个硅片上，制成集成化多功能传感器。这种传感器的集成度高、体积小。由于集成在一个芯片上，各个敏感元件的工作条件相同，容易实现补偿和校正，这是多功能传感器的发展方向。

③ 利用同一个敏感元件的不同效应，得到不同的信息。例如，用线圈作为敏感元件，在具有不同磁导率或介质常数物质的作用下，表现出不同的电容和电感。

④ 同一个敏感元件在不同激励下表现出不同特性。例如，传感器施加不同的激励电压、电流，或工作在不同的温度下，其特性不同，有时可相当于几个不同的传感器。有的多功能传感器检测出的几个信息混在一起，需要用信号处理的方法将各种信息进行分离。

多功能传感器是传感器技术中的一个新的发展方向，许多学者正在这个领域积极探索。譬如，将几种传感器合理地组合在一起构成新的传感器（如由测量液压和差压的传感器组成的复合传感器）。微型三端数字传感器就是一种采用 Z 元件的由光敏元件、湿敏元件和磁敏元件构成的，用于测量多种高精度和小尺寸的信号。它不仅能输出模拟信号，还能输出频率信号和数字信号。从模拟自然界生物的感觉入手，也已经研制和应用了一系列具有触觉、视觉、听觉和最新的成果——嗅觉的多功能传感器。仅在多功能触觉传感器方面，就已经有应用。

另外，现已出现 PVDF 材料制成的人工皮肤触觉传感器、非接触式传感皮肤系统、压感导电橡胶触觉传感器等多功能传感器。其中，由美国 MERRITT 系统公司研制的非接触式传感皮肤系统，采用非接触式超声波传感器、红外辐射接近传感器、薄膜电容基金传感器、温度和气体传感器等。将多个智能传感器插入到传感皮肤的柔性电路中，即可满足机器人探测物体的需要，避免不必要的接触和碰撞。

在目前的人工感觉系统的发展中，人工嗅觉的开发（即电子鼻），远不如其他感官那样尽如人意。嗅觉接收的感知信号并不是单一的，通常是上百种至上千种化学物质所组成，所以嗅觉系统内发生的信号处理过程极其复杂。电子鼻采用了交叉选择的传感器阵列和相关的数据处理技术，通过组合气体传感器阵列和人工神经来解决问题。电子鼻是由具备部分去一性的气敏传感器构成的阵列和适当的模式识别系统组成的，是气敏传感器技术与信息处理技术的有效结合。气敏传感器具有体积小、功耗低、便于信号的采集与处理等优点。气体或气味经过气敏传感器阵列，输入到由电子鼻系统组成的信号预处理部分，完成对阵列响应模式的预加工和特征提取。模式识别部分则运用相关方法、最小二乘法、聚类法和主成分分析法等算法完成气体/气味的定性定量辨别。材料科学提供了原子、分子、超分子及仿生结构，使得高性能的新型传感器得以设计出来；电子技术中微细结构换能器与集成数据预处理电路系统使信号处理更容易；而信息理论则使电子鼻能更好地分析复杂数据，并能与标准进行比较鉴别。电子鼻具有广阔的潜在的应用领域，如气味鉴别，复杂环境中个别分子浓度的定量检测，以及对空气中混入的可燃气体、有机挥发物或有毒混合物进行全面参数测量等。

思考与讨论题

1. 试述传感器的构成以及各组成元件的作用。
2. 试述电阻式传感器的分类及其工作原理。
3. 试述电感式传感器的分类、特点及用途。
4. 试述电容式传感器的分类、工作原理及用途。
5. 试述光纤传感器的工作原理及其在材料工程中的应用前景。
6. 试举先进传感器技术在材料工程中的应用实例。

第3章 温度检测技术

在机器制造业中，关于温度的研究，对提高产品质量和生产率、保证机器运转以及实现自动控制等，都具有重要意义。

3.1 温度和测温方法的分类

温度是反映物体冷热状态的参数。两个物体处于同一平衡状态就具有一个共同的物理性质，表征这一性质的量就是温度，即两物体温度相等。如果两物体温度不同，它们之间不会平衡，会有热交换，热量由高温物体输到低温物体。热平衡是温度测量的基本出发点。

只有通过测定某一物理特性随温度而变化的情况，才能判断温度的变化。这种物质称为测温物质。用来判断温度变化的物理特性，应当与温度成连续的单值线性函数关系，基本上满足这种要求的物质甚多，但常用的只有几种。

3.1.1 温标的基本概念

用来衡量物体的标尺，称为温标。建立一个温标包括两个方面：采用什么测量物质，利用哪一物理特性；如何分度。目前常用的摄氏温标和国际使用温标。

（1）摄氏温标

以水银热胀冷缩的特性为基础。水银的体积随温度的升降成线性变化。其分度方法是以水的冰点定为零度，沸点定为100度，两点之间的温度均匀分为100分格，每格称1度（记为1℃）。

（2）国际实用温标

国际实用温标是建立在热力学的基础上，并规定以气体温度计为基准仪器，水的三相点（固相、液相、气相三相平衡点）为273.16度，以绝对零度（理想气体的压力为零时所对应的温度）到水的三相点之间的温度均匀分为273.16格，每格称为一"开尔文"（Kalvin）。

按照国际实用温标规定，温度可用热力学温度 T（单位开尔文，简写 K）表示，也可用摄氏温度 t（单位摄氏温度，简写℃）表示。两者关系为

$$T = t + 273.16$$

3.1.2 测温法分类

各种方法的测温原理、所用的感温元件、测量电路和使用方法都不尽相同。各种方法都有自己的特点和一定的使用范围。

① 按测温原理和所用的感温元件不同，测温方法分为膨胀式、压力式、电阻式、热电式和辐射式五大类。

膨胀式温度计有玻璃温度计和双金属温度计。玻璃温度计是利用玻璃感温包内的测温物质（水银、酒精、甲苯、煤油等）热胀冷缩的原理来测量的。温度值用刻度显示，测量范围为−200～600℃。双金属温度计是采用膨胀系数不同的两种金属片牢固地黏合在一起作为感

温元件，温度变化时，通过金属片的弯曲变形带动指针来指示相应的温度。其温度测量范围一般为-80～600℃。

压力式温度计是由温包、毛细管和弹簧管组成的一个封闭系统，里面充满感温物质。温包放入被测介质中，当温度发生变化时，封闭系统中的压力会随之变化，通过弹簧管的变形带动指针指示相应的温度。测温范围为-80～500℃。

电阻式温度计是利用金属或半导体的电阻值随温度的变化情况来显示相应的温度值。其输出信号是电阻值，测温范围一般在-200～600℃。

热电式温度计是利用金属导体的热效应，将温度转换为热电势输出。热电势的大小反映被测温度的高低，其测温范围可达-271～1800℃。以上几类测温方法所用的测温仪器，结构简单，使用方便，性能可靠，价格便宜，在工业生产中广泛应用。特别是电阻式和热电式测温方法，由于输出的是电量，因此可以通过导线从被测场所引出进行遥测和遥控。

辐射式测温方法是通过被测物体的热辐射强度来确定其温度的。辐射式测温法的测温范围宽，响应速度快，特别适合于高温测量。此外，近些年来一些新技术也用到了测温领域，如光纤温度传感器、胶膜热电管温度测量仪等。

② 按测温元件是否与被测物体接触，测温方法分为接触式测温方法和非接触式测温方法。

接触式测温法是将测温元件与被测物体直接接触，使两者进行热交换，达到热平衡后，测温元件的输出即为被测物体的温度值。使用膨胀式、压力式、电阻式和热电式温度计测温，都属于接触式测温方法。在某些测温现场条件受到限制的情况下，如高温、腐蚀环境，被测物体处在运动状态，被测物体的热容量小等情况下，不允许测温元件直接接触被测物体，则可采用非接触式测温方法，如采用辐射式测温方法。

3.2　接触式测温方法

这是最通用的测温方法。本节将讨论这类方法所使用的仪器和测量原理。

接触式测温仪器中，根据测温原理可分为热膨胀式温度计、热电偶温度计、热电阻温度计等。常用测温方法、类型及特点见表 3-1。

表 3-1　常用测温方法、类型及特点

测温方式	温度计或传感器类型		测温范围	精度/%	特　　点
接触式	热膨胀式	水银	-50～650	0.1～1	简单、方便、易损坏(水银污染)、感温部大
		双金属			结构紧凑,牢固可靠
		压力 液	-30～600		耐振、坚固、价廉、感温部大
		气	-20～250		
	热电偶	铂铑-铂	0～1600	0.2～0.5	种类多、适应性强,结构简单,经济方便,应用方便,需注意寄生热电热及动圈式仪表对测量结果的影响
		其他	-200～1100	0.9～1.0	
	热电阻	铂	-260～600	0.1～0.2	精度及灵敏度均较好,感温部大,需注意环境温度的影响
		铑	-50～300	0.2～0.5	
		铜	0～180	0.1～0.3	
		热敏电阻	-50～350	0.3～1.5	体积小,响应快,灵敏度高,线性差,需注意环境温度影响

测温方式	温度计或传感器类型		测温范围	精度/%	特　　点
非接触式		辐射温度计	800～3500	1	非接触测温,不干扰被测温度场,辐射率影响小,应用简便,不用于低温
		光高温计	700～3000	1	
		热电探测器	200～2000	1	非接触测量,不干扰被测温度场,响应快,测温范围大,适于测温度分布,易受外界干扰,定标困难
		热敏电阻探测器	－50～3200	1	
		光子探测器	0～3500	1	
其他	示温涂料	碘化银、二碘化汞、氯化铁、液晶等	－35～2000	＜1	测温范围大,经济方便,特别适合于大面积连续运转零件上的测温,精度低,人为误差大

3.2.1　热膨胀式温度计

利用液体或固体热胀冷缩的性质而制成的温度计称为热膨胀式温度计。常用的有水银、双金属、压力等类型温度计。

双金属温度计是一种固体膨胀式温度计（图 3-1），其测温敏感元件由两种热膨胀系数 α 不同的金属箔片组合而成［例如黄铜 $\alpha=22.8\times10^{-6}$，镍钢 $\alpha=(1\sim2)\times10^{-6}$］。一端固定，另一端自由，当温度变化时，由于收缩不一致而发生弯曲，自由端就产生位移。利用这一原理可制成不同形式的温度计。

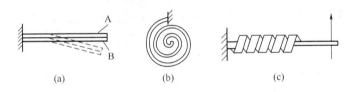

(a)　　　　　　　　(b)　　　　　　　　(c)

图 3-1　双金属温度计

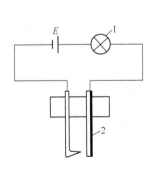

图 3-2　由双金属感温元件
构成的信号装置

1—指示灯；2—双金属感应元件

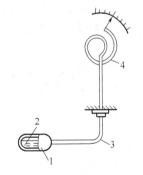

图 3-3　压力式温度计

1—感温筒；2—酒精或水银；
3—毛细管；4—波登管

双金属温度计结构紧凑，牢固可靠。

用双金属感温元件还可以制作自动调节装置的敏感元件（图 3-2），当温度达到某一极限值时，电路即接通发出信号。

压力温度计是利用液体或蒸气压力使之工作的（图 3-3）。感温筒置于被测介质中，随温度升高，筒内的酒精或水银等液体受热膨胀，通过毛细管使波登管端部产生角位移，指示温度值。

3.2.2 电阻温度计

电阻温度计的工作原理是利用了导体或半导体电阻值随温度变化的性质。构成电阻温度计的测温元件，有金属丝热电阻及热敏电阻。

（1）金属丝热电阻

从物理学可知，一般金属导体具有正的电阻温度系数，电阻率随温度上升而增加，在一定温度范围内电阻与温度的关系为

$$R_t = R_0[1 + \alpha(t - t_0)] = R_0(1 + \alpha \Delta t) \tag{3-1}$$

式中　R_t——温度为 t 时的电阻；

　　　R_0——温度为 t_0 时的电阻；

　　　α——电阻温度系数，随不同材料而异。

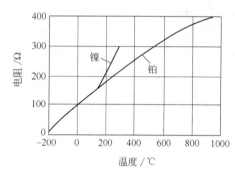

图 3-4　镍、铂电阻与温度的关系

常用测温电阻丝材料有铂、镍、铜等。图 3-4 表示铂与镍电阻随温度升高而变化的关系。

从图中可知，铂的线性很好。测量范围很宽。铂电阻温度计被用作 $-259.32 \sim 630.74$℃ 范围中复现国际实用温标的基准器。铜及镍一般用于低温范围内，铜 $0 \sim 180$℃，镍 $50 \sim 300$℃。

电阻丝式测温传感器与电阻丝应变式测力传感器一样，都属于能量控制型传感器，当用于测量时，必须从外部供给辅助能源。

由于温度引起电阻变化，一般采用电桥转换为电压的变化，并由动圈式仪表（毫伏计等）直接测量或经放大器输出，实行自动测量或记录。图 3-5 是一种电阻丝测温传感器的结构形式。铂丝绕于玻璃轴上，置于陶瓷或金属制成的保护管内，引出导线有二线式、三线式等。

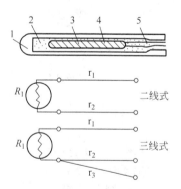

图 3-5　铂电阻测温传感器

1—保护管；2—氢化钴粉；3—玻璃轴；4—铂丝；5—引出线

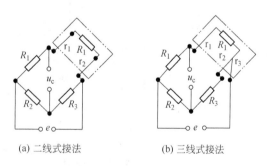

(a) 二线式接法　　　(b) 三线式接法

图 3-6　铂电阻电桥线路接法

图 3-6 是电桥线路接法，当用二线式接法时，引出导线 r_1、r_2 被接于电桥的一臂上，当由于环境温度或通过电流引起导线温度变化时，将产生附加电阻，引起测量误差。采用三线

式接法时，具有相同温度特性的导线 r_1、r_2 接于相邻两桥臂上，此时由于附加电阻引起的电桥输出将自行补偿。

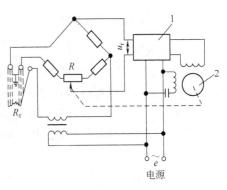

图 3-7 是测温电阻用于自动平衡电桥的线路接法。当测温电阻 R_x 变化时，引起电桥不平衡，将有电压 u_r 输给放大器，经放大后推动伺服电机转动，并带动电位器 R，直到电桥平衡，电机停转。电位器指针位移量表示电阻 R_x 的变化量。

图 3-7　测温用于自动平衡电桥的线路接法
1—放大器；2—伺服电机

（2）热敏电阻

热敏电阻是金属氧化物（NiO，MnO_2，CuO，TiO_2 等）的粉末按一定比例混合烧结而成的半导体。与金属丝电阻一样，其电阻值随温度而变化。但热敏电阻具有负的电阻温度系数，即随温度上升阻值下降。

根据半导体理论，热敏电阻在温度 T 时的电阻

$$R = R_0 e^{B\left(\frac{1}{T} - \frac{1}{T_0}\right)} \tag{3-2}$$

式中　R_0——温度 T_0 时的电阻值；

　　　B——常数，由材质而定，一般在 2000～4500K 范围内，通常取 B 值约为 3400K。

由上式可求得电阻温度系数

$$\alpha = \frac{dR/dT}{R} = -\frac{B}{T^2} \tag{3-3}$$

如 $B = 3400K$，$T = 273.15 + 20 = 293.15K$，则 $\alpha = -3.96 \times 10^{-2}$，其绝对值相当于铂电阻的 10 倍。

热敏电阻与金属丝电阻比较有下述优点：由于有较大的电阻温度系数，所以灵敏度很高，目前可测到 0.001～0.0005℃ 微小温度的变化；热敏电阻元件可以做成片状、柱状、珠状等，直径可达 0.5mm，由于体积小，热惯性小，响应速度快，时间常数可以小到毫秒级；热敏电阻元件的电阻值可达 3～700kΩ，当远距离测量时，导线电阻的影响可不考虑；在 −50～350℃ 温度范围内，具有较好的稳定性。

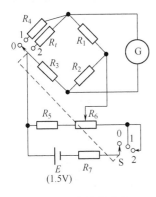

图 3-8　半导体点温计的工作原理

热敏电阻的缺点是非线性大，老化较快和对环境温度的敏感性大。

热敏电阻制成的电路元件被广泛用于测量仪器、自动控制、自动检测等装置中。

图 3-8 是由热敏电阻构成的半导体点温计的工作原理。热敏电阻 R_t 和三个固定电阻 R_1、R_2、R_3 组成电桥。R_4 为校准电桥输出的固定电阻，电位器 R_6 是用来调节电桥的输入电压。当开关 S 处于位置 1 时，调节电位器 R_6 使电表指针指到满刻度，即表示电桥处于正确的工作状态。当开关处于位置 2 时，电阻 R_4 被 R_t 所代替，其阻值 $R_t \neq R_4$，两者差值为温度的函数，此时电桥输出发生了变化，电表指示出相应读数，此表示电阻 R_t 的温度，即所要测量的温度。

3.2.3 热电偶温度计

(一) 热电偶

利用热电偶测温是基于两种不同材料的热电效应。构成热电偶的材料应具有下列基本要求：a. 在所测温度范围内应具有一定的灵敏度和直线性；b. 熔点足够高，物理化学性能稳定；c. 有良好的导电性和抗氧化性能，电阻温度系数小等。

一般工业用热电偶材料列于表 3-2。

表 3-2　常用的几种热电偶

热　电　偶	代　号	使用温度/℃	当 $T=0℃$，$T=100℃$ 时热电势/mV
铂铑(Pt-90％Rh-10％)-铂	WRLB	0～1600	0.643
镍铬(Ni-90％,Cr-10％)-镍铝(Ni-95％Al-5％)	WREV	0～1200	4.1
镍铬(Ni-90％,Cr-10％)-考铜(Cu-56％,Ni-44％)	WREA	−50～800	6.95
铜(Cu)-康铜(Cu-60％,Ni-40％)		−200～600	4.26
铁(Fe)-康铜(Cu-60％,Ni-40％)		−200～800	5.30

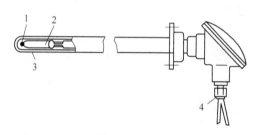

图 3-9　一般工业用热电偶结构
1—测温接点；2—磁绝缘管；
3—保护管；4—导线引出口

一般工业用热电偶还应具有耐压、防腐蚀等性质。图 3-9 介绍一种带有护管的热电偶结构。

(二) 热电势测量方法

热电偶是一种能量转换型测温传感器，在测量过程中吸收热能转换为电能。

测量热电势可用动圈式仪表，电位差计以及电子电位差计等。

采用动圈式仪表测量热电势时，由于线路中电阻的影响（图 3-10），将使仪表显示值 e_t 与实际热电势 E_t 不一致，其关系式为

$$E_t = e_t(R_i + R_0)/R_i \tag{3-4}$$

式中　R_i——仪表线圈电阻；

　　　R_0——外部电阻。

$$R_0 = R_a + R_L + R_b/2 + R_t/2 \tag{3-5}$$

式中　R_a——仪表内可调节电阻；

　　　R_L——连接导线电阻；

　　　R_b——热电偶 20℃时的电阻；

　　　R_t——热电偶使用时的电阻。

上述表明，当外接线路电阻较大时，测量误差是不容忽视的。

用电位差计测量热电势时，是采用标准电压来平衡热电势。标准电压与热电势相反，回路中没有电流，因此线路电阻对测量结果没有影响。图 3-11 是用电位差计测量热电势的工作原理。将开关 S_1 接通，调整电阻 R_0，使检流计 G_2 指零，此时获得恒定工作电流 $I=E_H/R_H$（即 a、c 两点间电压 IR_H 与标准电压 E_H 平衡）。断开 S_1 接通 S_2，调节电位器 R_p，使检流计 G_1 指零，此时测量电路电流为零。当温度变化时，将有电流通过 G_1，指针偏转，调节 R_p 使 G_1 重新指零，由电位器 R_p 的刻度读出所测热电势。

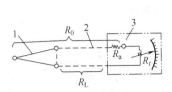

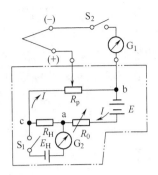

图 3-10 动圈式仪表测量热电势时的连接线路

1—热电偶；2—引出导线；3—动圈式仪表

图 3-11 用电位差计测

量热电势原理

由于电子电位差计是采用了与电位差计相同原理的电路，通过自动平衡系统使其始终保持平衡状态。

（三）冷端补偿

用热电偶测温时，热电势大小决定于冷热端温度之差，如果冷端温度固定不变，则决定于热端温度。可是如果冷端温度是变化的，将会引起测量误差。为此常采取一些措施来消除冷端温度变化所产生的影响。

① 冷端恒温　一般热电偶定标时，冷端温度是以 $0℃$ 为标准。因此，常常将热电偶冷端置于 $0℃$ 的冰水混合物中（图 3-12）。但某些情况下不能维持 $0℃$ 时，则需保持恒温，如置于恒温室、恒温容器或埋入地中等，这时需对测量结果进行修正计算。图 3-13 是冷端温度为 $0℃$ 时的定标曲线。设冷端温度 t_n 时，测得的热电势为 $E(t, t_n)$。若用此定标曲线求出实际温度值，可作如下计算。

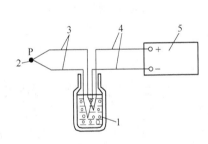

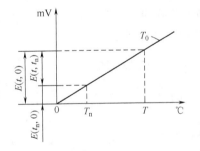

图 3-12 热电偶冷端置于 $0℃$ 冰水混合物中

1—冰水；2—测温接点；3—热电偶；

4—铜线；5—测温仪器

图 3-13 冷端温度 T_n 时的修正计算

T_0—冷端 $0℃$ 时的定标曲线

由图可知

$$E(t, 0) = E(t, t_n) + E(t_n, 0) \qquad (3-6)$$

式中　$E(t, 0)$——冷端 $0℃$、热端 $t℃$ 时的热电势；

$E(t_n, 0)$——冷端 $0℃$、热端 $t_n℃$ 时的热电势。

此式说明，应当由 $E(t, t_n) + E(t_n, 0)$ 来查表求得实际温度 t 值。

② 冷端补偿　当测温点与温度稳定的冷端距离较长时，为了既能保持冷端温度的稳定，又节省贵重的热电偶导线，往往采用价廉的导线来代替部分热电偶导线（图 3-14），这种导线称为补偿导线。在室温范围内，补偿导线的热电性质与热电偶导线相同或接近。

另一种冷端补偿法是电桥补偿法（图 3-15），将热电偶冷端与电桥置于同一环境中，电阻 R_H 是由温度系数较大的镍丝制成，而其余电阻则由温度系数很小的锰铜丝制成。在某一温度下，调整电桥平衡。当冷端温度变化时，R_H 随温度改变，破坏了电桥平衡，电桥输出为 ΔE。用 ΔE 来补偿由于冷端温度改变而产生的热电势变化量。

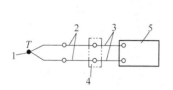

图 3-14　补偿导线法

1—测温接点；2—补偿导线；3—铜线；

4—冷端；5—测温器

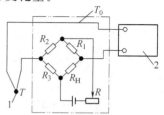

图 3-15　电桥补偿法

1—测温接点；2—测温器

③ 定标　热电偶定标的目的，是核对标准热电偶电势-温度关系是否符合标准，或是确定非标准热电偶的热电势-温度定标曲线，也可以通过定标消除测量系统的系统误差。

定标方法有定点法与比较法。前者利用纯元素的沸点或凝固点作为温度标准，后者将高一级的标准热电偶与被定标热电偶放在同一温度的介质中，并以标准热电偶的温度计的读数为温度标准。一般多用比较法。

3.3　非接触式测温方法

非接触式测温方法以物体的热辐射原理为依据，因此又称热辐射测温法。这种方法的测温传感器不需要与被测物体接触，因此在测量过程中不会扰乱被测对象的温度分布。

热辐射测温方法在高温测量中早已获得广泛应用。近来红外测温的发展，使这种方法在低温测量中也得到进展。

3.3.1　辐射测温计

它的工作原理是基于四次方定律（即黑体的全辐射能和它的绝对温度的四次方成正比），

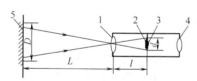

图 3-16　辐射温度计工作原理

1—物镜；2—受热板；3—热电偶；

4—目镜；5—被测物体

图 3-16 是辐射温度计的工作原理，被测物体的辐射线由物镜聚焦在受热板上。受热板是一种人造黑体，通常为涂黑的铂片，当吸收辐射能以后，温度升高，由接在受热板上的热电偶或热敏电阻测定。通常被测物体是 $\varepsilon<1$ 的灰体（ε 称为黑度），如果以黑体辐射作为基准进行定标刻度，知道了物体的 ε 值，即可根据有关公式求得被测物体的温度，即

$$T=\frac{T_0}{\sqrt[4]{\varepsilon}}$$

（3-7）

式中　T——被测物体的温度；

T_0——黑体全辐射所具有的温度。

3.3.2　红外测温

红外测温与上述辐射温度计测温原理相同，都是基本热辐射原理。不同的是辐射温度计

多用于800℃以上的高温和可见光范围，而红外测温则用于低温和红外线范围。

（一）红外探测器

红外探测器是将红外辐射能转换为电能的一种传感器，按其工作原理可以分为光子探测器和热探测器。

光子探测器的原理基于物质的光电效应。一般有光电、光电导及光声等光电探测器。制造光子探测器的材料有硫化铅、锑化铟、碲镉汞等。由于光子探测器是利用入射光子直接与束缚电子相互作用，所以灵敏度高，响应速度快。又因为光子能量与波长有关，所以光子探测器仅对具有足够能量的光子有响应，存在着对光谱响应的选择性。光子探测器通常在低温条件下工作，因此需要制冷设备。

热探测器是利用入射的辐射能引起材料升温，然后测定温度变化来确定入射能的大小的。热电堆探测器（图3-17）是由数对以串联形式排列在受热板上的热电偶所组成，可以获得较高灵敏度和热电势输出。

热敏电阻探测器如图3-18所示，电阻的结构有线绕型、箔型、薄膜型等。电阻受热后阻值变化，经过电桥转换为输出电压。

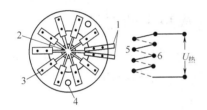

图 3-17　热电堆探测器

1—输出端；2—受热板（热接点）；3—铜片（冷
接点）；4—安装孔；5—热接点；6—冷接点

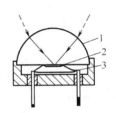

图 3-18　热敏电阻探测器

1—Ge透镜；2—检测用热敏电阻；
3—温度补偿用热敏电阻

（二）红外测温仪

图3-19表示一种红外测温仪的工作原理。被测物体的热辐射线由光学系统聚焦，经光栅盘调制后变为一定频率的光能，落在热敏电阻探测器上，经电桥转换为交流电压信号，放大后输出显示或记录。光栅盘是由两片扇形光栅板组成，一块为定板，另一块为动板。

动板受光栅调制电路控制，按一定频率，正、反向转动，实现开（透光）、关（不透光），使入射线变为一定频率的能量作用在探测器上。这种红外测温仪可测0～600℃范围内的物体表面温度，时间常数为4～10ms。

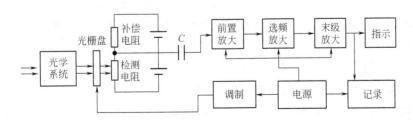

图 3-19　红外测温仪原理方框图

（三）红外热像仪

红外热像仪的作用是将人眼看不见的红外热图形，转变成人眼可见的电视图像或照片。

47

红外热图形是由被测物体温度分布不匀、红外辐射能量不同而形成的热能图形。

热像仪的工作原理如图 3-20 所示。光学系统将辐射线收集起来，经过滤波处理之后，将景物热图形聚集在探测器上。光学机械扫描器

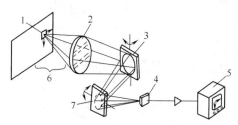

图 3-20　红外热像仪原理

1—探测器在物体空间投影；2—光学系统；3—水平扫描器；4—探测器；5—视频显示；6—物体空间视场；7—垂直扫描器

包括两个扫描镜组，一个垂直扫描，一个水平扫描，扫描器位于光学系统和探测器之间，扫描镜摆动达到对景物进行逐点扫描的目的，从而收集到物体温度的空间分布情况。当镜子摆动时，从物体到达探测器的光束也随之移动，形成物点与物像一一对应。然后由探测器将光学系统逐点扫描所依次搜集的景物温度空间分布信息，变为按时序排列的电信号，经过信号处理之后，由显示器显示出可见图像。

红外测温仪及红外热像仪在军事、空间技术及工农业科技领域中日益发挥重大的作用。在机器制造业中，已被用于机床热变形、切削温度、刀具寿命控制等测试中。

3.4　温度检测技术在材料成型中的应用

温度是工业生产中最常见、最基本的工艺参数之一，例如机械、电子、石油、化工等工业中广泛使用的各种加热炉、热处理反应炉等都常碰到温度的测量问题，下面就几种温度检测技术在材料成型中的应用略作分析。

3.4.1　分布式光纤温度传感系统

分布式光纤温度传感系统是一种用于实时测量空间温度场分布的传感系统。该技术最早于 1981 年由英国南安普顿大学提出，目前国外（主要是英国、日本等国）已研制出产品。国内也正积极开展这方面研制工作。分布式光纤温度传感系统具有抗电磁场干扰、大的信号传输带宽等特点。它能够连续测量光纤沿线所处的温度，测量距离在几千米范围，空间定位精度达到米的数量级，能够进行不间断的自动测量，特别适用于需要大范围、多点测量的应用场合。在电力系统中，这种光纤传感技术在高压电力电缆、电气设备因接触不良原因易产生发热的部位或设施的温度定点传感场合处具有广泛的应用前景。

光纤的温度传感原理的主要依据是光纤的光时域反射原理以及光纤的背向拉曼散射温度效应。当一个光脉冲从光纤的一端射入光纤时，这个光脉冲会沿着光纤向前传播，在传播中的每一点都会产生反射，反射之中有一小部分的反射光的方向正好与入射光的方向相反（亦可称为"背向"）。这种背向反射光的强度与光纤中的反射点的温度有一定的相关关系。反射点的温度（该点的光纤的环境温度）越高，反射光的强度也越大。也就是说，背向反射光的强度可以反映出反射点的温度，即可以计算出反射点的温度，这就是利用光纤测量温度的基本原理。而系统的空间定位功能则通过测量从激光脉冲发出到背向反射光回来的时间差实现。并且采用半导体制冷低温恒温槽冷却工作。激光脉冲通过耦合器入射到光纤传感回路，并将光纤模块分成斯托克斯通道和反斯托克斯通道；光电检测器组件为高灵敏、低噪声硅雪崩二极管组件，为了确保其工作，使其在低温恒温槽冷却工作。信号处理电路由高速瞬态平均器和累加器组成，计算机主要用于温度信号的解调和信号处理、显示。根据用户的需要，设计软件和界面。

3.4.2 智能温度传感器

智能温度传感器还包括光学温度计、辐射温度计、比色温度计、红外测温仪、热像仪等。下面说明温度检测技术在材料成型中的具体应用，以钢水的温度测量为例加以说明。

在钢水的测量和判断中，最常用的方法有两种：

① 用热电偶高温计在炉内或浇包内进行间隔测温；

② 在炉外用经验方法判断钢水温度。

热电高温计炉内间隔测温，其优点是测量精度高，误差小。测温点选择：电炉中的钢液温度是不均匀的，电极附近钢水温度高，远离钢水处温度低；熔池表面钢水温度高，熔池深处钢水温度低。为了使测温有代表性，就需要规定测温位置。测温装置由热电偶丝、补偿导线、热电偶保护管、防渣套和热电偶结构组成。测温操作要注意：二次电测仪表必须校准，保持良好状态，测温前检查热电偶的热节点必须焊牢，两根热电偶丝之间绝缘良好；补偿导线要保持良好；每次测温都需更换新的保护管或测温热电偶头，安装要牢固；测温前要检查电路各接点是否焊牢，正负极是否接对；冷端温度与仪表刻度时的冷端不符，应进行冷端补偿。

$$T = K(T_1 - T_0)$$

式中，T 为仪表读数补加值；K 为常数；T_0 为仪表刻度时的冷端温度；T_1 为测温时冷端实际温度。

炉外测温时，有以下三种方法。

① 钢水结膜测温法 每一种牌号的钢水，有它一定的表面温度。钢水温度越高时，则它下降到结膜温度所需要的时间越长。因此，根据钢水结膜时间可以间接判断钢水温度的高低。

方法是将取样勺在炉中沾上一层均匀的炉渣，然后取钢水放在炉前的平板上，待钢水稍静后，用干燥的木片拨去钢水表面的炉渣，并立即用秒表记下开始的时间，直到钢水表面结膜完成为止，这一段时间称为结膜时间。

② 钢水沾勺测温法 对于含高 Cr 或含高 Al 的合金钢，不能用钢水结膜法测温，可用钢水沾勺法测温。测定方法是用几个样勺取钢水，分别在静置不同秒数后将钢水倒出，观察钢水开始沾勺所需的时间，并以开始发生沾勺的秒数作为钢水温度的标志，称为沾勺秒数。

③ 钢棍测温法 这是一种测量盛钢桶中钢水温度高低的经验方法。

我国连续测温采用的是接触式测温方法。用钨铼热电偶作一次测温元件，金属陶瓷管作热电偶的外保护管，用高纯氧化铝作热电偶内保护管，二次仪表多用电子电位差计改装。

总之，随着科技的发展，学科间的横向交叉的影响越来越明显，伴随这一趋势，温度检测技术在材料成型中的应用也将越来越广阔，作用也会越来越大。

思考与讨论题

1. 试述温度的表示方法。
2. 常用的温度测试方法有哪些？
3. 试述接触式测温方法的分类及其工作原理。
4. 试述非接触式测温方法的分类及其工作原理。
5. 试举先进温度测试技术在材料成型中的应用实例。

第4章　检测技术在材料加工工程领域中的应用

无损检测是在不损坏工件的条件下检测工件表面或内部的缺陷，或称为无损探伤。无损探伤试验方法很多，生产中广泛采用的方法有以下四种。

4.1　磁粉探伤

钢铁等铁磁材料通过大电流或置于磁场中就被磁化，在表面的缺陷如裂缝、夹杂物等，磁力线不易通过，只能绕过缺陷，在附近表面泄露，形成局部磁极。如在表面上施敷导磁性良好的磁粉（氧化铁粉），就会被局部磁极吸引，堆集之上，显出缺陷的位置和形状。其原理如图4-1所示。

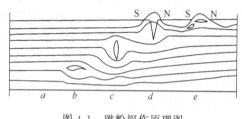

图 4-1　磁粉探伤原理图

4.1.1　磁粉探伤法种类

按工件磁化方向的不同，可分为纵向磁化法、横向磁化法和联合磁化法三种。

按采用磁化电流的不同，可分为直流电磁化法和交流电磁化法两种。

按探伤时所采用的磁粉配制不同，可分为干粉法和湿粉法两种。

4.1.2　磁粉

磁粉一般为质量有限的铁磁粉（Fe_3O_4），它显示缺陷的灵敏性好。作为电磁探伤用的磁铁粉除应经过充分氧化，使其成为磁导率高的高价氧化铁外，还应有适宜的粒度。磁粉应着棕色或黑色，在特殊情况下，如检验管件内部可用荧光性磁粉，可将难以发现的缺陷暴露出来。

采用湿粉法时为了使磁粉容易在工件表面上流动，应混以油液，常用的是轻质柴油或煤油。荧光粉用水为介质并加适当的防锈剂。

干粉法是以喷粉装置将载有磁粉的气流缓慢地喷在工件表面上。在磁场电流通过的同时施加磁粉为连续法，灵敏度高，所需电流小，适用于一般材料。

4.1.3　适用范围及特点

磁粉探伤适用于检查钢铁等磁性材料的表面或近表面缺陷。奥氏体钢没有磁性，因而不能使用。

磁粉探伤的特点是设备简单，便于现场操作，只能探测近表面缺陷，工件表面要求较光洁，检查后被检工件还应退磁及清理掉外表沾附的磁粉。

4.2　超声波探伤法

超声波探伤法广义来讲，系指利用超声振动来发现材料或工件缺陷（内部的或外表的）的方法。

超声振动根据调制方式的不同，它可能是连续振动——产生连续波，也可能是脉冲振动——产生脉冲波。其工作原理大致相同，但检验方法不同，超声波探伤可归为三种方法。

4.2.1 穿透法

穿透法亦称透过法。声源产生的连续波或脉冲波均能采用穿透法进行探伤。采用此法探伤时，声波由发射探头发出，经工件的一面传入工件内部由其另一面送出被接收探头接收。当工件内部组织结构均匀时，声能可以顺利通过工件而被接收探头接收，从而在指示器上便会显示出明显的声能透过信号。反之，工件内部在声波传播的路径上存在缺陷时，则声波在材质不连续的缺陷与基体金属交界面上将大量散射、反射或被吸收、衰减，形成所谓"声影"，使接收到的声能透过信号的振幅迅速减弱或消失。因此，穿透法探伤就是基于显示出声能通过有缺陷部位与无缺陷部位的能量衰减或差值的原理来发现出工件内部的缺陷。

4.2.2 共振法

采用共振法探伤时，声源以连续发射的非衰减波的形式发出超声振动。该振动的频率随发生器所发射的频率改变而连续调变，亦即所发出声波的频率是可以调节的。当专长源所发出的声振动频率恰好与待测工件的应有振动频率成倍数关系，或者说工件待测部分的厚度恰好是发射声波半波长的整数倍时，则该振动在被测工件内发生共振，从而在传声介质内形成驻波（如图 4-2），这时换能器——探头的负荷阻抗将骤然改变。即共振的产生乃是声源发射出去的声波与反射波相干涉的结果。由于在共振状态下声波振动频率与待测工件厚度成函数关系，因此，在等

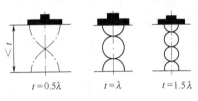

图 4-2　共振法探伤原理（驻波的形成）
t—工件厚度；λ—声波波长

厚的工件测量共振频率时，突然发生频率骤变，则可知在该工件中存在异质界面（缺陷与基体金属的界面）。基于此原理建立起共振法探伤（如图 4-2）。

4.2.3 反射法

反射法亦称回声法，是目前发展最快、应用最广泛的方法。其简单原理是，当声波在工件中传播遇到缺陷时，有一部分被反射回来的超声波继续向前传播，直达工件底部才被反射回来。从缺陷和工件底部反射回来的声能先后被压电换能器接收下来，以振幅表的形式显示在超声波探伤仪的示波器阴极射线管的荧光屏上。

脉冲反射法的超声探伤设备包括超声频电发生器——脉冲超声发射机、接收机、换能器与指示器四大部件，通常均将其合装在一个可以任意移动的机体中间。

上述装置，除探头（换能器）外，乃是一套无线电仪器装置。按照指示方式的不同，有A 型、B 型和 C 型探伤器之分。目前 A 型使用最广泛。

A 型探伤器的指示特点是：根据示波管屏幕中的时基线上的信号，来判定材料内部缺陷的有无及缺陷的位置与大小，但反映不出缺陷属何性质。A 型探伤的结构原理如图 4-3 所示。

A 型探伤器的主要结构是：高频脉冲发生器、探头、接收放大器、同步发生器、指示

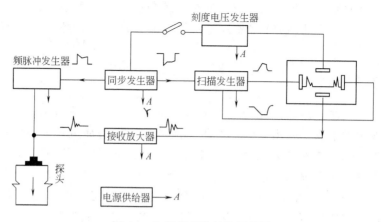

图 4-3 A 型探伤的结构原理图

器、水平轴扫描发生器及刻度电压发生器。

A 型探伤的工作过程是：仪器的启动起源于主控机构——同步发生器，电源一经接通，同步发生器立即发出三路同步触信号，以控制高频脉冲发生器、扫描发生器及刻度电压发生器同步工作。

缺陷的显示：当超声波进入工件内部，向前传播遇到缺陷时，立即被反射回来，反射回来的超声波被同一个或另一个压电换能器接收。由于电压效应的可逆性，压电晶体片把声能又转换为电能。这时微弱的电脉冲，通过接收放大器的放大和检波，输送到示波器的垂直偏转板上。在高频脉冲发射的同时，扫描发生器在示波器的水平偏转板上施加与时间成线性关系的锯齿电压。因此，电子束沿水平轴均匀地移动，形成时间基线或扫描线。由于扫描线和时间成比例，示波器荧光屏上的始脉冲和底脉冲之间的距离与工件的厚度也成比例。根据超声波从缺陷返回的时间，也就是从缺陷反脉冲在始脉冲间的位置，就可以测定出缺陷的埋藏深度。

对于缺陷的大小和形状，一般需根据反射脉冲信号的高度和底波的有无来估计或测定。当缺陷的尺寸小于探头晶片直径时，探头发射的超声波能量仅有一部分被反射而显示在荧光屏上。反射信号的高低和被反射能量的大小有一定的关系，即缺陷越大，反射回来的能量越小。在实际探伤中，一般通过和标准试块上人为缺陷的反射高度比较来确定缺陷的当量面积。

4.2.4 斜探头的使用

工件缺陷方向和超声波传播方向垂直时最易显示，因此，直探头使超声波垂直于工件表面时最容易发现平行于该表面的裂缝等。但和表面垂直的缺陷，则几乎不能发现，所以必须采用斜探头以横波进行探测。

用斜探头以横波探伤的原理是：当超声波以某一角度从第一介质传入第二介质时，除有反射和折射的纵波以外，还有反射和折射的横波存在。由于纵波的速度大于横波的速度，纵波发生全反射的临界角（第一入射角）将小于横波发生全反射的临界角（第二入射角）。当入射角大于纵波的临界角而小于横波的临界角时，在第二介质中将只有横波存在。在使用斜探头超声波探伤中，超声波是从探头上的有机玻璃斜劈入射到工件的。根据计算，其第一和第二入射角分别约为 28°和 62°的探头才能进行工作。为了工作方便，国产超声波探伤仪的斜探头角采用30°、40°和50°三种。

此外超声波探伤的灵敏度,即所能发现的最小缺陷,与超声波的频率、探伤仪的放大倍数、发射功率、探头的性能以及电源的稳定等因素有关。采用直探头时,在被探工件表面处更存在所谓的"盲区",在这个区域内任何缺陷都不能被发现。"盲区"的大小取决于仪器电路性能、探头的物理性能和仪器的分辨率。

超声波是否能顺利传入传声介质,乃是超声能否用于探伤的首要条件。为此必须采用适宜的耦合方式。

① 工作表面应较为平整光滑。

② 探头与工件探伤面间涂以耦合液(水、机油、变压器油、水玻璃等),以充实其间引起超声能反射的空气隙。

③ 平稳而均匀的摩擦压力。

为了便于比较,在超声波探伤时都以平底孔直径面积作为评定缺陷大小的标准和比较缺陷大小的方法,即所谓的"当量直径"或"当量面积"。实际上,工件内部存在的缺陷比当量尺寸更大,有时甚至大很多。由于超声波探伤的灵敏度受到很多因素的影响,所以在记录和报告检验结果时,必须同时说明探伤的工作条件,如探伤仪型号、超声波频率、探测方式及耦合粗糙度等。

4.3 X 射线探伤

4.3.1 基本原理

应用 X 射线或 γ 射线透照或透视的方法检验成品或半成品的宏观缺陷,称为射线探伤。X、γ 射线能穿透普通光线所不能穿透的物质;它在物质中具有衰减规律;以及它能对某些物质产生光化学作用、电离作用和荧光现象。而且所有这些作用都是随着射线强度的增加而增加。

射线在物质中的衰减规律,可用公式表示,即

$$J = J_0 e^{-\mu A}$$

式中,J 为射线穿过厚度为 A(cm)的材料层后在该点的强度;J_0 为在此点上当无吸收层存在时射线的强度;A 为吸收层的厚度,cm;μ 为在该材料中射线衰减的系数。

图 4-4 为射线透照探伤示意图。图中 1 为射线源,2 为被检验的物体,3 为被检验物体中的缺陷(气孔等),4 为照相底片,5 为透照到底片上的射线的强度或感光并冲洗后底片的黑度。显然,被检验物体中的缺陷的类型、形状、大小和部位等,可以从底片上的影子加以判别。

从实际应用来考虑,由于射线能量不同和散射的差异,被检验物体厚度对灵敏度的影响是很显著的。通常用被检验物体厚度的百分数来表示其灵敏度,即相对灵敏度如下

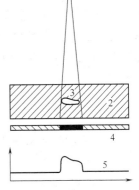

图 4-4　射线透照探伤示意图
1—射线源;2—被检验的物体;
3—缺陷;4—照相底
片;5—黑度

相对灵敏度/% =(可以发现的最小缺陷的大小 / 被检验物体的厚度)×100%

射线探伤的灵敏度,多采用带有各种形状人工缺陷的透度计来测定。图 4-5 所示为几种

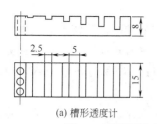 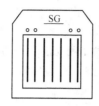

(a) 槽形透度计　　(b) 金属线透度计

图 4-5　射线探伤常用的两种
人工缺陷透度计的形式

常用形式的透度计。实际检测中根据铸件能出现的缺陷类型来选择。

4.3.2　应用范围及特点

① 射线照相法的最大优点是只要在灵敏度范围内，铸件中的缺陷能直接在胶片上看到，因此易于确定缺陷的性质。同时，胶片可供长期保存。它适用于检查体积性缺陷，如气孔、缩孔、疏松、夹渣、裂纹等，焊缝中的气孔、夹渣、未焊透等。

② 不易发现宽度很小的裂缝和焊缝中的未熔合性缺陷。

③ 需较大的设备投资和场地，耗用胶片及试剂，检验费用高，周期长，不适于快速的大量检验。

④ 射线对人体有害，需要相应的防护和监视措施。

4.4　液体渗透剂探伤

4.4.1　原理

这是一种检查表面缺陷的方法，是将清洗过的工件表面上施加渗透剂，使渗入开口的缺陷中，然后将表面上的多余渗透剂除去，再施加一层薄层显像剂，后者由于毛细管作用而将缺陷中的残余渗透剂吸出，从而显示出缺陷。

4.4.2　种类

此法可分为着色法和荧光法两大类。前者是在渗透剂中加入红色染剂，当被白色的显像剂由缺陷中吸出后，会在一般光线照射下显出明亮的黄绿色痕迹。

荧光法的优点是痕迹易于观察，在暗视场合能出现直径为百分之几毫米的小孔，宽度为 $1\mu m$ 的裂缝，灵敏度高于着色法。着色法的优点是设备简单，可不需要电源，适应性强。

4.4.3　特点

① 方法和设备都很简单，适应性强，可用于各种场合。

② 工件形状不限，一般要求表面光洁。

③ 能检查非铁磁性材料。

④ 只能探出表面开口的缺陷。

⑤ 操作过程长，溶液中含有苯，故对操作人员健康有一定影响。

4.5　其他微波无损检测技术

检测方法多种多样，一方面，常规的五种技术（超声、射线、渗透、磁粉、涡流）在应用过程中不断趋于完善，在当今的工程应用中起着主导作用；另一方面，各种新技术、新方法不断涌现，如全息、热成像、声振等。它们以其物理性质及作用于介质时表象的特殊性，在一些特定场合发挥着重要的功能，与常规方法相辅相成。本节着重讲述红外、电磁、超声、激光四种检测方法的机理及其特点。

4.5.1 红外无损检测技术

1800 年英国的天文学家赫谢耳在研究太阳七色光的热效应时发现了在红光外侧存在着人眼看不见的"红外线"。红外线存在于自然界的任何角落。一切温度高于绝对零度的有生命和无生命的物体时时刻刻都在不停地辐射红外线。红外线是电磁波谱中可见光波段上端一种波长为 $0.75\mu m\sim1mm$ 范围内的电磁波。根据波长不同，通常分为近红外 $0.75\sim1.5\mu m$、中红外 $1.5\sim10\mu m$、远红外 $10\mu m\sim1mm$ 三个波段。近年来，随着光电子技术、电子技术的发展，人们在不断探索红外无损检测的技术和途径。

与常规的超声、射线、电磁等无损检测技术相比，红外无损检测技术具有如下突出特点。

① 是一种非接触式的检测技术，对被测物体没有任何影响。

② 远距离，空间分辨率高，检测范围广，对其他检测技术有互补作用。

③ 安全可靠，对人体无害。

④ 灵敏度高，检测速度快。

在自然界中任何温度高于绝对零度（$-273℃$）的物体都是红外辐射源。辐射能量的主波长是温度的函数，并与表面状态有关。红外无损检测是利用红外辐射原理对材料表面进行检测。如果被测材料内部存在缺陷，将会导致材料的热传导性改变，进而反映在材料表面温度的差别，即材料表面的局部区域产生温度梯度，导致材料表面红外辐射能力会发生差异，温度场随时间变化的信息中包含了样品缺陷的信息。利用显示器将其显示出来，便可推断材料内部的缺陷。

红外无损检测的方法有两种。

① 有源红外无损检测法，又称主动红外检测法。其主要是利用外部热源作为激励源向被测材料注入热量，利用红外热像仪拍摄不同时刻的温度场信息，根据图像的时间序列分析技术来判断缺陷的存在与否的方法。

② 无源红外检测法，又称被动红外无损检测法。其主要是在无任何外加热源的情况下，利用工件本身热辐射的一种方法。

根据信号与系统的时域卷积定理，时域里两信号的卷积等效于其频谱的乘积。当对材料采用 δ 脉冲加载时，这个脉冲信号的频率和宽度可调，那么，金属材料的传输函数与脉冲信号的时域卷积在频域中就等效于频谱的乘积。因此，在频域中，输出函数的频谱就等于材料传输函数的频谱。这个输出信号是一个关于温度的函数，并且与维度有关。当材料内部存在缺陷时，就可以利用红外无损检测的方法检测出来。这是对材料进行无损检测的理论依据之一。

（一）检测系统的构成及影响检测精度的因素

对材料进行红外无损检测的系统如图 4-6 所示。在被测材料近表面存在加热源，利用红外热像仪等红外探测器探测材料的红外辐射能，图像采集处理系统实时采集红外热像仪中的信号，显示器上实时显示被测材料表面的温度分布图，通过计算机处理可以检测到材料中缺陷的位置、大小和形状，并重新在显示器上显示出处理后的缺陷图。

热源是为了给材料提供所需的激励源，通常有热空气喷注、等离子喷注、直接火焰、感

图 4-6 红外检测系统组成框图

应加热线圈、红外灯、弧光灯、激光器和热电技术，应根据测试材料的性质和具体情况选择适当的热注入方式。

红外检测设备是把红外能量转化成另一种便于测量的物理量。它是材料红外无损检测系统的核心。主要包括红外热像仪、红外热电视、红外测温仪、红外照相机和红外探测器。衡量一个红外探测器的优劣，主要有以下几个参数。

① 响应率：表征探测器对辐射的响应灵敏度。

② 噪声电压：指红外探测器的输出端存在毫无规律、无法预测的电压起伏的随机噪声。

③ 噪声等效功率（NEP）：输出电压恰好等于探测器本身的噪声电压的红外辐射功率叫做噪声等效功率。

红外热像仪是检测设备中精度最高、使用最广泛的。它是一种采用光机扫描、视频显示，从而快速测量并显示目标表面温度场的专用设备。它采用把探测器的输出信号转换成人眼可观测到的图像的技术。为了让探测器和成像装置工作同步协调，往往把探测器、成像装置、同步协调装置全部装在一起，这一仪器被称为热像仪。国内引进了瑞典 AGAMA 系列设备，其温度分辨率在 0.1℃。国内的有 HR-2 型，其温度分辨率优于 0.1℃。

热像采集处理卡将热像仪输出的模拟信号转换成数字信号，利用丰富的图像处理软件，直观地显示红外热像图。

（二）影响检测精度的因素

由于采用的方法不同，因此影响红外无损检测的因素很多，大致可归为三个方面，即红外热像仪系统的影响、热源的影响、实验技术的影响和温度数据的获取与处理的影响等。

国内外红外热像仪性能指标中，如温度分辨率大于 0.1℃，温度范围在 20～1400℃，帧像素为 256bits×256bits×8bits 时，则都能满足红外无损检测的要求。但是，若扫描速度小于 25 场/s 时，则响应速度太慢，不易在最佳时间内检测出缺陷的最大温差，不适合对材料的无损检测。

用于检测的热源有很多，检测时，热源向物体注入热流，从理论上讲，能获得高峰值功率的脉冲热源或低频热源为最佳热源。

为了获得最佳热注入方式，应从如下几个方面考虑。

① 热流注入方向：在红外检测时，热源向被测物注入热流，通过被检物的缺陷处与无缺陷处导热系数的差异形成温差，因此热源的注入方向将直接影响检测结果。热源斜向注入，将导致热流的不均匀，会误导检测结果，所以不可取；热流侧向注入，被检物的表面与热流平行，被检物可以一端加热，一端用冷水冷却成恒温，这是稳态热传导，适用于检查裂缝形状的检测。如果热源垂直注入，是非稳态热传导，由于缺陷处导热系数较材料无缺陷处小，所以在缺陷处会出现低温区，形成温差，该温差沿热传导方向迅速传到表面，从而检测到缺陷的大小、尺寸和位置，这种方式适合于气孔、夹渣、未焊透、粘脱等缺陷的检测。在热流垂直注入时，是单面加热还是双面加热对检测灵敏度也有很大影响。单面加热是探测热

源移走后冷却过程的温差，它适合于被检物几何形状复杂、导热系数恒定的情况。双面加热是在加热过程中进行检测，检测灵敏度高，适合于导热系数较高的金属材料和导热性差的材料。

② 表面发射率的影响：表面状态不均匀会导致表面发射率不一致，在热平衡状态也会形成各处辐射能的差异，因此给无损检测带来不利。

③ 环境辐射的影响：被检物的表面温差应与热图温差一致才能保证结果准确可靠。材料红外无损检测时缺陷处与无缺陷处的最大温差往往小于 1℃，要提高精确度必须采取一定的工艺措施。红外热像仪探测到的红外辐射能 M 由三个部分组成，即

$$M = \varepsilon\sigma T^4 + M_a + M_{atm}$$

式中　M_a——环境介质反射到材料的辐射能；

M_{atm}——大气介质进入到探测器的辐射能。

如果各像素点上 $M_a + M_{atm}$ 不相等，即使材料上各点温度和发射率相等，热图上也会反映出温差，影响检测的精度。

4.5.2　电磁超声检测技术

超声波是频率高于 20000Hz 的机械波，由于超声波频率很高、波长很短，因此超声波具有良好的方向性和穿透能力，且其声能量很大，利用超声波的这些固有特性来实现超声测量和超声无损检测。

在电磁感应现象中，根据法拉第电磁感应定律，感应电流

$$I = \varepsilon R = -Rd\Phi dt$$

当金属表面有一通以交变电流的线圈时，此线圈将产生一交变磁场，金属表面相当于一个整体导电回路，因此金属表面将感应出电流，即涡流。涡流的大小和性质同样服从法拉第电磁感应定律。因此，金属表面中涡流密度的大小取决于金属表面线圈中电流产生的磁场变化，其方向也将抵抗线圈中电流产生的磁场变化，涡流变化的频率同线圈中电流变化的频率相一致。

涡流在金属导体内的分布是不均匀的，在金属表面达到最大，金属中离表面深度 x 处涡流密度

$$J_x = J_0 e^{-x\sigma}$$

式中　J_0——金属表面处的涡流密度；

σ——涡流的透入深度。

处于交变磁场的金属导体，其内部将产生涡流，同时任何电流在磁场中都受到力的作用，而金属介质在交变应力的作用下将产生应力波，频率在超声波范围内的应力波即为超声波。如果把表面放有交变电流的金属导体放在一个固定的磁场内，则在金属的涡流透入深度 σ 内的质点将承受交变力，该力使透入深度 σ 内的质点产生振动，致使在金属中产生超声波。与此相反，由于此效应呈现可逆性，返回声压使质点的振动在磁场作用下也会使涡流线圈两端的电压发生变化，因此可以通过接收装置进行接收并放大显示。人们把用这种方法激发和接收的超声波称为电磁超声。在这种方法中，换能器已不单单是通用交变电流的涡流线圈以及外部固定磁场的组合体，金属表面也是换能器的一个重要组成部分，电和声的转换是靠金属表面来完成的。电磁超声只能在导电介质上产生，因此电磁超声只能在导电介质上获得应用。

超声波检测技术是研究物质结构及其特性的基本方法之一，在许多领域已获得成功应用。特别是激光超声技术的兴起，极大地促进了超声波检测技术的发展。激光超声技术是用强度调制的激光束射入闭合介质空间时而产生声波的技术。利用激光脉冲来激发超声脉冲，不仅是非接触的，而且可以重复产生很窄的超声脉冲，在时间和空间都具有极高的分辨率。它能以非接触方式对物体进行连续快速的自动检测，能对形状十分复杂的物体进行全方位检测，可以在高温、高压、有毒、放射性等各种恶劣环境下进行超声检测，适用于超薄材料的检测和物质微结构的研究。

4.5.3　激光超声检测

激光超声是指用脉冲激光在介质中所产生的超声波或指利用激光来产生超声这一物理过程，有时又把利用激光来产生超声波和测量超声波统称为激光超声。激光可以在固体中产生超声，也可以在气体和液体中产生超声。这里讨论激光超声在固体中的产生机理及应用研究。

在固体中利用激光激发超声波，起因于光与材料物质的相互作用。产生机理主要是热弹性膨胀机理和电子机理。照射到试样表面的激光能量不足以使表面熔化时，试样内超声脉冲主要是由于试样吸收光能发生热弹性膨胀而产生。照射到不透明试样表面的激光脉冲，其能量一部分被浅表层吸收，一部分被反射。入射的激光束是相干电磁脉冲，利用电磁理论可以计算出材料表层的反射率 R，其值为反射光能量 E 与入射光能量 E_0 之比，即

$$R=\frac{E}{E_0}=1-\frac{4t}{(t+1)^2+1}$$

$$t=\mu_0\sigma c\delta$$

$$\delta^2=\frac{1}{\pi\sigma\nu\mu_0\mu}$$

式中　δ——表层深度，指激光辐射能量被大部分吸收；

　　　　σ——材料的电导率；

　　　　μ_0——真空磁导率；

　　　　μ——材料的磁导率；

　　　　ν——激光脉冲的频率；

　　　　c——光速；在可见光范围 $t \geqslant 1$。

金属的电导率 σ 大约为 10^7 $(\Omega \cdot m)^{-1}$，若已知入射激光的波长，可计算出相应金属的反射率 R，从而知道其吸收系数。激光束在金属表面的作用可视为一种瞬时热源，由此，可以求出金属表面的温度变化 ΔT，如图 4-7 所示。

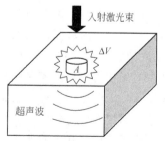

$$\Delta T=\frac{E}{C\rho A\delta}=\frac{E}{C\rho V}$$

式中　C——热容量；

　　　　ρ——密度；

　　　　A——表面积；

　　　　V——体积。

金属表层吸收热能其温度会突然上升，体积必然产生热膨胀。若金属吸收能量前的体积为 V，吸收能量膨胀后的体积为 $V+\Delta V$。金属的线性膨胀系数为 α，则

图 4-7　热弹性膨胀激光超声波示意

$$\Delta V = 3\alpha V \Delta T$$

从而得
$$\Delta V = \frac{3\alpha}{C\rho}(1-R)E_0$$

由此可见，材料吸收激光能量产生的热膨胀形变与入射光能量成正比。入射的光波是脉冲波，因此浅表部分的形变也是周期性的，周期性的形变在周围介质中便激发了超声波。为了提高光激超声的效率，可在固体表面涂各种涂层，增加表面的光吸收。采用脉冲宽度极窄的高能量密度光束照射介质可获得较高的声波能量。

上述激光超声作为介质中超声波源的应用，只是把脉冲激光能量作为瞬态的热源。在某些固体如半导体中，激光的作用不仅直接作为热源产生热膨胀，还会产生一些微观变化。特别是激光作用时间很短时，如果激光的量子能量足够大，使共价晶体中原子的价电子能够脱离原子，那么，在极短时间内，这些自由电子还没有回复到平衡状态前，部分被吸收的光能便转化为电子和离子之间的相互作用，形成一种电子应变源。电子的应变源同样可以激励超声，这种机理称为电子机理或"微形变"机理。

4.5.4 光学法激光超声信号检测

固体中激光超声信号检测的重要方法有换能器检测法和光学检测法。常用的换能器有压电陶瓷换能器、电磁声换能器和电容声换能器。这些换能器都有较宽的频带，可以非接触接收激光超声波信号，但必须接近试样表面，并且检测灵敏度较低，只适用于导体材料的检测。压电陶瓷声换能器，使用时必须直接紧贴在试样表面上才能检测，或在换能器前表面上附一个1/4声波长的匹配层。这种换能器检测灵敏度较高，但是带宽有限，不适合检测宽频带的激光超声信号。光学检测法则不存在上述问题。因此，激光超声信号的检测主要采用光学检测法。

光学检测法又分为干涉和非干涉两种。非干涉法检测的原理是：当照射到试样表面的检测光束直径小于激光超声波长时，反射检测光束由于表面超声波动而发生偏转，偏转大小由位移检测器接收，这个偏转值与声波的幅值及性质有关。应用这一技术，能显现出表面波和体波的传播情况，检测出试样的内部缺陷和微结构，如图4-8所示。

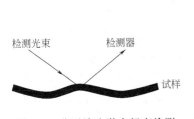

图4-8 非干涉法激光超声检测

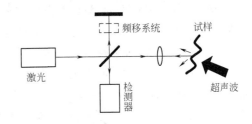

图4-9 干涉法激光超声波检测

该方法装置简单，频带宽，环境振动对测量结果影响较小，是对抛光表面试样进行超声检测的有效工具。

干涉法检测是将试样表面直接作为迈克尔逊干涉仪测量臂中的反射镜，其原理如图4-9所示。聚焦的激光束照射到试样表面，激光束被表面反射并与由光源分离出来的参考光束发生干涉，两光束干涉光强与试样表面位移 $\Delta(t)$ 有关，检测器接收到的光强 I 为

$$I = I_0 \left\{ S + P + 2\sqrt{SP} \cos\left[\frac{4\pi}{\lambda}\Delta(t) - \Phi(t)\right] \right\}$$

式中　I_0——激光光强；

$\quad$ S——参考光束有效强度透过系数；

$\quad$ P——试样表面反射的检测光束的有效强度透过系数；

$\quad$ $\Phi(t)$——相位；

$\quad$ t——时间。

相位 $\Phi(t)$ 由干涉仪的光程差决定，并受外界振动影响。实际检测中，通过移动参考反射镜来调节光程差使 $\Phi(t) = 2k\pi \pm \dfrac{\pi}{2}$（$k$ 是整数），且当 $\Delta(t)$ 比光波波长 λ 小得多时有

$$I = I_0 \left\{ S + P + 2\sqrt{SP} \sin\left[\frac{4\pi}{\lambda}\Delta(t)\right] \right\} \approx I_0 \left\{ S + P + 2\sqrt{SP}\left[\frac{4\pi}{\lambda}\Delta(t)\right] \right\}$$

可见，由干涉光的强度便可获得超声振动。

如果在参考臂中引入频移系统即构成外差干涉检测仪，入射的激光束被试样表面反射并与由光源分离出的参考光束发生干涉，使光束发生频移，由检测器检测出频移和干涉光强度，从而测量了试样振动位移和试样表面振动速度。外差干涉检测系统具有较宽的频带，能对粗糙表面进行检测，并对环境振动有较强的抗干扰能力。激光超声以非接触方式对物体进行无损检测，激光发射到被测物之间的距离可以达到 10 m 而且激光束的发散很小，这样就可以检测人们无法接近的物体，如高温、高压、有毒或放射性等恶劣环境内的各种物体。由于激光超声不需任何耦合剂，因此耦合剂的易变性和耦合的可靠性及匹配问题也就不存在，对检测现场和被检测物体的温度限制也随之取消。

4.6　无损检测在抗磨铸铁中的应用

抗磨铸铁是铬系白口铸铁，其性能特点是具有较高硬度和一定韧性。随着含碳量增加，碳化物数量增多，硬度提高，韧性降低，使用中容易脆裂，因此，生产上必须控制含碳量。由于炉料成分难以保证一致，熔炼时冲天炉还产生增碳，导致产品中碳化物数量变化，性能难以保证。为了检验产品性能是否合格，常采用无缺口冲击试样测定冲击韧性和洛氏硬度值。但这一检测方法需要专用设备，且测定的数据受试样表面质量影响，特别是冲击韧性值，需对大量测试数据进行统计分析才能得到结果。针对这一情况，湖北工学院研制了 ZGW-1 型钢铁材料智能无损检测仪对铬系抗磨铸铁进行性能测定试验，取得了较好效果。仪器利用线圈电感量与周围介质的磁导率成比例的原理设计。若将正弦交流电压施加于电感与电阻串联的回路上，则回路电流就滞后于施加电压，其相位差为 $\varphi = \arctan(\omega L/R)$。电阻一定时，若线圈中介质的磁导率越高，则电感量越大，感抗也越大，相位位移也越大，只要测定相位移的大小，即滞后时间，就可测定试样有效磁导率的相对值，从而间接地测出钢铁材料与之相对应的力学性能指标。机器原理如图 4-10 所示，它采用过零检测器分别测出正弦电压与电流的过零点，用单片机的计数功能对此段间隔计数，通过运算将此数据换算成与之相对应的力学性能指标，以数字的方式显示出来。根据这一原理设计的探头，结构简单、制作方便。该仪器设有十个通道，使用时可将一组标样的力学性能指标及与之相对应的磁参数存入任一通道。该通道即可用来测量和直接显示被测材料的力学性能，所存数据具有断电保护功能，也可通过键盘重新标定，并有八种激磁频率可供选择。

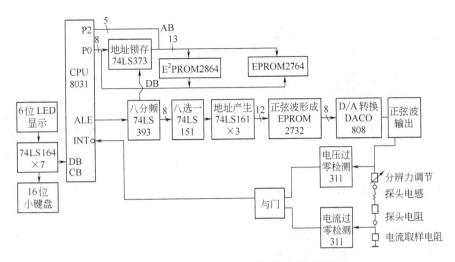

图 4-10　钢铁材质无损检测智能仪原理框图

4.7　复合材料的常用无损检测方法

复合材料构件开发与应用的迅速发展向保证产品质量的无损检测技术提出了严峻的挑战，使无损检测技术已成为这一新材料结构能否有效和扩大应用的关键。国外，工业发达国家已将无损检测和质量控制作为复合材料研究与应用的先导课题进行了大量的投入，而无损检测专业亦已把以复合材料为主要对象的新材料、新结构的检测技术的研究与应用作为近年来的主攻方向；国内，复合材料无损检测技术的研究虽然起步不晚，但因重视不足，投资力度不大，在设备商品化和检测技术的实际应用方面，与国外的差距有日益拉大的趋势。这种状况势必成为复合材料开发和应用的障碍，严重地影响我国飞行器等尖端产品的技术水平和竞争能力，应当引起有关各方的重视。

目前复合材料无损检测已经应用于材料、结构件和服役无损检测三个方面。技术上已从初期的检测方法探索发展到目前的检测方法研究、信号处理技术、传感器技术、缺陷识别技术、成像显示技术、仪器设备技术、结构件检测技术、定量检测与评估、服役结构寿命评估、强度评估和性能测试等。无损检测技术已经成为复合材料研究和应用中的一项关键技术，融入复合材料从研究到最终装机应用的全过程，如图 4-11 所示。

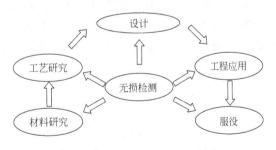

图 4-11　复合材料与无损检测

复合材料无损检测主要应用于以下三个方面：材料无损检测；结构无损检测；服役无损检测，如图 4-12 所示。

4.7.1　综合声振检测

声振检测也可统称为机械阻抗分析法，是专为复合材料与蜂窝结构件的整体性检测发展起来的检测技术，当前便携式检测仪大都基于这一原理。前期，前苏联最早研制声阻仪，应用亦最广；荷兰的福克胶接检验仪（Fokker Bondtester）则是首创的采用扫频谐振方式的检

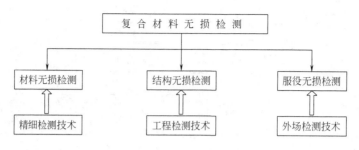

图 4-12　复合材料无损检测的应用

测仪器，用来检测胶层的弹性模量以评估其内聚强度，20 世纪 60～80 年代曾在国际上风靡一时。20 世纪 80 年代以来，西方各国纷纷推出了名目繁多的各种类型的声振检测仪器。其中，利用机械阻抗分析（声阻法）的主要有：AFD-1000 型声缺陷指示仪，MIA-2500、MIA-3000 型机械阻抗分析仪；谐振模式的则以 Bondscope，Sonic Resonance，Harmonic Bondtester 等应用较广；而 S-2B、S-6、S-9 等多种型号的声指示仪（Sondicator）实为定距发送与接收的声波传输测量仪器。这些仪器各有一定的适用性和局限性，其中，Staveley NDT 技术公司推出的 Bondmaster（及其增强型）由于兼具机械阻抗分析、谐振以及扫频连续波和选频脉冲波（Sondicator 只有选频脉冲波）定距发送与接收的两种声波传输等四种测量工作模态，引起了国际上广泛注目，迅速得到了美、欧等飞机制造公司和航空公司的广泛应用。Bondmaster 开创了综合声振检测技术的新思路。它一改其他声振检测仪器只有一种检测模式的传统做法，集四种模式于一体。在实际应用中，针对不同结构，能以四种模式互为补充，加以优选，使仪器检测功能大为增强，所能检测构件的覆盖面大为扩展，几乎包罗了现有复合材料的各类构件，已取代福克仪和其他声振检测仪器而成为普遍使用的便携式的复合材料与胶接结构的检测仪器。增强型 Bondmaster 操作简便，仪器具有根据所检工件的结构特征从上述四种模式中优选出最佳测量模式的功能。仪器可作双迹显示，能将实时测量所得与预存的完好件曲线对比，便于分析与判定。仪器带有可调压紧力的新型机械阻抗探头，消除了机械阻抗分析压紧力变化对测量结果带来的影响，增强了缺陷检测的灵敏度和可重复能力，为自动扫查创造了条件。仪器能对探头自动识别，自动测定探头参数，并据以自动设定仪器。在特殊应用环境下，还可自动进行前面板校准，因而可广泛配用标准的或专用的探头，使仪器更具灵活性。

4.7.2　超声成像技术

在复合材料无损检测中，超声波检测是应用最广泛的方法之一。尤其是超声 C 扫查，由于显示直观，检测速度快，已成为飞行器零部件等大型复合材料构件普遍采用的检测技术。然而，常用的超声 C 扫查由于检测灵敏度和分辨力较低，往往难以胜任关键构件的质量检测。近年，美、英等国相继开发了超声波成像检测技术，其中，美国 ABBAN DATA 公司首创的成像设备能对所检测的波形进行全波采样，与通常采用的峰值采样相比，极大地丰富了包含缺陷信息在内的检测得到的波形信号。由于全波采样，在应用快速傅里叶变换（FFT）技术的同时，更采用了获得专利的合成孔径聚焦技术（synthetic aperture focusing technique，SAFT）和反卷积滤波（deconvolution filtering），极大地提高了检测的灵敏度和分辨力。

该设备的其他突出优点还有：充分的扫查覆盖；超声射频 A 扫查全波数据的永久储存；检测参数的永久储存；事后数据的调用和分事后数据处理不必重新扫查、A 扫查、B 扫查、C 扫查结果的即时硬拷贝；缩短记录和报告时间。

常规超声检测最大的缺点是在被检工件靠近检测面的一侧不可避免地存在盲区。AB-BAN DATA 公司除采用先进的信号处理技术使纵波检测盲区减至最小外，并采用公司的专利多模探头和相应的信号处理技术，能同时检测近表面缺陷，定位和测定其大小，以消除单一纵波模式所形成的检测盲区。即使浅至 0.5mm 的裂缝也可由沿表面的爬波检测出来。

4.7.3 扫查声显微镜

为解决陶瓷、复合材料等工件小缺陷的检测，国外自 20 世纪 70 年代开始发展了一种被称为声显微镜（acoustic microscopy）的高频率超声波检测设备。最常用的超声波频率为 1～200MHz，其分辨力可高达 $5\mu m$。声显微镜主要有三种不同的类型：扫查激光声显微镜（SLAM）；扫查声显微镜（SAM）；扫查光声显微镜（SPAM）。这三种方法各有特点及其特定的应用领域。其中，在复合材料构件检测中已获得应用并已初见成效的是扫查声显微镜。扫查声显微镜最具代表性的是 Sonix 公司的 SAM 系统，它代表了当前国际上最先进的高分辨力超声扫查检测技术。系统是以 PC 机为基础的全数字化设备，工作频率为 0.5～200MHz，扫查步距精度可达 $2.5\mu m$，成像精度可达 $1\mu m$，扫查速度为 305mm/s。系统也采用了先进的全波采样成像技术，与常用的 C 扫查设备检波或峰值采样相比，极大地丰富了采集的信息，所采集的波形信息能实现高度保真。仪器在完成 A 型显示的同时记录了全部数据，可作为即时或后处理分析，进行 B 型、C 型、相位转换和多切面 B 扫（即层析 CT 图形）显示。利用多切面 B 扫查完成超声波层析是国际首创。从强度试验到工件生产的现场，声显微镜无疑是复合材料构件故障分析和质量控制的有力工具。声显微镜在无损检测分层、裂缝、脱黏和其他缺陷的能力方面具有无可比拟的优越性。它比金相显微镜和光学显微镜的优越之处是可以检测工件的内部异常；比 X 射线的优越之处是能给出界面特征参数。声显微镜不但能检查出缺陷，而且能精确地确定缺陷的位置、给出缺陷的大小和深度的定量数据。特别是深度位置，这是 X 射线和常规超声 C 扫查所不能做到的。Sonix 模/数板是一种高速的波形模/数转换器，瞬时采样频率达 100MHz，所提供的公司专利等效时间采样（equivalent time sampling，ETS）的采样率可达 3.2GHz。Sonix SAM 高分辨力成像和先进的诊断技术被复合材料力学试验室广泛地用来鉴定新的部件，监测生产中的抽样件和诊断组件的故障。为在新的结构件上开发应用，Sonix 还推出了柔性精密超声 C 扫查系统（Sonix Flex SCAN-CTM），该系统是当前市场最具灵活性的精密水浸超声检测系统。系统有可多达 12 轴的支架，适于检测各种形状复合材料构件的材料缺陷和粘接缺陷，并可精确测厚。系统输入带宽可达 180MHz，高速模/数板等效时间采样的采样率为 200MHz～3.2GHz。系统的设计使其性能和图像分辨率达到了最佳，并为宽带、高频检测提供了性能优越的高频脉冲发生器和公司专利的聚氯乙烯薄膜（PVFD）换能器。发生器提供的负尖峰触发脉冲（−320V 和 −460V）下降时间小于 5ns，居国际同类产品的前列。扫查机构包括：工业试验室扫查器、生产紧固型扫查器和高精度试验室扫查器，以满足各种不同检测对象的要求。HispeedTM 系统的扫查速度可达 1m/s，而 CSP-1000 的扫查精度可达 $5\mu m$。系统的先进性还体现在能自动分析数据和定位缺陷。

Flex SCAN-C 是现有的最为灵活的 C 扫查软件，用户界面友好，产生以 A、B、C 格式显示的高分辨率图像，在实时显示窗口上实时显示超声 A 扫查数据。每个通道的 8 个缺陷门可用来在 B 扫查显示工件截面图像的同时，提供能分成 8 个不同深度的准超声层析的 C 扫图像。还可利用诸如分层面积百分率、缺陷大小、距离和深度测量的分析方法获得上述参量的定量测量结果。可以说，在复合材料构件无损检测中，Sonix 的扫查系统更注重于中小型复杂型面构件的精密扫查，是 ABBAM DATA 大中型构件超声成像系统的有力补充，在性能上各具特色。

4.7.4 声发射检测技术

声发射检测技术的特点是：对缺陷的增长可实现动态、实时检测，在试验期间就能提供构件整体完整性的信息；作为动态检测工具，可测出结构的不连续性（缺陷或损伤）对向该结构所施加的应力的响应；检测灵敏度高，能检测和评价缺陷对构件的危害程度；能较方便地鉴定在役构件的安全性；如受检构件存在严重的不连续性，能预报破损。正是由于声发射能对复合材料构件进行强度检测，提供整体结构完整性的信息，并能及时预报构件的破损，早在 20 世纪 60 年代，在飞行器复合材料构件设计和应用中就得到国际上的重视。当时采用的是高频超声换能器检测结构加载后的声发射信号，但由于声发射信号的复杂性以及难以从现场干扰噪声中将其区分出来，监测主要是在实验室进行的。20 世纪 70 年代中期，计算机技术的引入增强了声发射检测设备的现场抗干扰功能，使该项技术迅速走向实际应用。因而可以说，从 20 世纪 70 年代中期到 80 年代中期，是声发射技术第一次变革阶段，即从模拟量检测系统转变为数字量检测系统，使其从实验室走向了生产现场。

20 世纪 90 年代，美国 Digital Wave 公司开发了新一代的声发射检测系统——模态声发射（Modal AE）系统，并以其功能卓绝引起了国际上的广泛关注，被誉为声发射技术的又一次变革，即从数字检测系统改进为模拟信号调制与数字检测有机结合的系统，根据声发射的基本原理以波形模态进行源识别。其特点是：模拟-数字电路有机结合，充分利用电路设计提高检测功能；稳定、高效的噪声抑制和波形模态提取功能；宽带、高保真、快速、大动态原始波形的采集功能；采用根据破坏机理得出的源识别技术和与门槛无关的优越的定位技术；首创的各向异性复合材料叠层结构源定位软件。"Materials"软件模块包括一个各向同性与各向异性材料特征和它们的相关工程模量。板波理论的插入软件用以计算各向同性和各向异性（复合）材料的理论波形模态速度。用户可在现有的数据库中加入新材料和力学性能，以便自动计算新的分布图形和曲线。不论是伸缩或弯曲模态，其离散曲线和速度分布图都可用图形或文本格式显示、打印出来。这些与材料和几何形状有关的波速被用在定位模块中，率先解决了复合材料叠层结构的精确源定位问题。

4.7.5 其他检测技术

除上述几种检测技术外，复合材料构件中应用较多的还有全息照相法和热图法。

激光全息照相是复合材料和胶接结构的重要检测方法之一。早在 20 世纪 60 年代末，美国国防部远景研究规划局（Advanced Research Projects Agency，ARPA）就制定了规划，拨出专款进行研究，目标是航空航天飞行器的新材料和新结构——复合材料与蜂窝结构的检测，20 世纪 70 年代即应用于生产。此后，见之于生产应用的有金属与非金属叠层、蜂窝结构和复合材料构件的脱黏、分层、气孔等制造缺陷检测，以及蜂窝损伤、冲击伤等运输与使用损伤的检测。近年来，主要关注的是激光全息照相现场应用的研究。为消除或减少连续输出干涉系统对笨重的隔振台和暗室操作的依赖，在开展电子散斑干涉测量研究的同时，还采用了电视系统取代照相。20 世纪 90 年代美国激光技术公司（Laser Technology Inc.）推出了先进的剪应力图像仪（Advanced Shearography），它是激光散斑技术与光纤图像传输、计算机控制数字（computer controlled digital，CCD）摄像机、微机图像处理等多种新技术的结合。其原理是混合被检构件加载前后两个图像表面相干光照射下的微小剪切斑纹产生的干涉图形，这种干涉图形可以视为十分密集的（目视）条纹场，分析条纹即可发现缺陷所在。检测的步骤和传统的全息照相术完全一致，先是取得工件静止的图像，然后在工件变形后取得二次曝光应力图像，这种方法对非常微小的表面应变甚为敏感。标准的参考图像用剪应力图像仪的视频激光仪进行电子储存，而后加一均匀的应力（如振动、压力、真空、声或热），随即将被检工件的图像与参考图像进行比较，并在视频监视仪上观察缺陷指示。检测结果以黑白灰度或彩色显示，也可作硬盘或录像带记录。检测均在现场可编程序控制下自动进行。剪应力图像仪的特点是非接触、快速和极高的检测率，能在现场提供近乎实时的、定量的表面下缺陷图像，一次检测面积达 0.92m×1.22m，很适合航空、航天部门已装机的复合材料构件和蜂窝结构的检测。在将剪应力图像仪与超声 C 扫查检测进行比较后，可以明显地看出这种新仪器的优越性：用 LTI-4000 先进剪应力图像仪对带泡沫芯的碳夹芯壁板 254mm×305mm 区域的检测，耗时 8s；用超声 C 扫查方法对相同部位进行检测，揭示其相同的模拟脱黏缺陷，耗时 10min。而且 C 扫查要求壁板水浸，这在很多场合难以实施。

热图法是以工件的热传导、热扩散或热容量的变化为基础绘制出表示工件表面等温线的一种方法。复合材料对热流的阻抗比较大，温度的变化和平衡比较慢；缺陷区相对于周围地区的温度梯度比较大，热量消失亦比较慢，因而适于热图法检测。同时，缺陷愈靠近工件表面，温差愈大，灵敏度愈高，热图法更适合于检测薄板型复合材料构件。当前用于复合材料构件的红外成像仪，小型的以美国 ISI 集团的 Video Therm 2000 热成像系统用得最为广泛，该系统是国际上首创的掌式非冷却焦点平面阵列热成像仪。这种高分辨率的、手掌大小的摄像仪利用非冷却焦点平面阵列，由 76800 个探测器构成。系统能将 8～10μm 局部图像细节很好地在由 320×240 个探测器测得的图像中明显地显示出来。系统还配有 ISI 专利的"循环滤波器"，它能有效地降低图像噪声，极大地改进图像质量，使红外成像的灵敏度和分辨率达到了一个新的高度。美国 Stress Photonics 公司的 Delta Therm TM 1000 红外热弹性应力检测仪是另一种有特色的热图检测仪器，它配置了灵敏的红外摄像仪，以图像的温度变化展示热弹性应力分析（TSA），其温度分辨力高达 0.001℃。128×128 探测器阵列包含 16384 个集成电路积分器同时采集数据，产生准实时的全场图像，高速数字电子电路相关载荷与温度信息立即在显示器上视频显示应力分布图形。在复合材料构件的研究和设计中，该仪器展示出下述功能：数字与分析模型的验证和数据计算；测量应力集中和应力强度因数；测定结构中存在潜在问题的部位；设计初期对用原始工艺快速生产的部件进行评定；对复合材料进行无损评定和缺陷损伤跟踪。因此，这种新颖检测仪器已在航空航天领域得到了广泛的应用。

近年来，国际上复合材料无损检测进展的特点可归纳为：从实验室阶段走向工程实用化；从局部简单形状构件的检测走向更广泛的多种复杂构件的检测；从宏观缺陷的定性检测走向材料质量和强度等力学性能的定量检测；以及从单一的检测方法走向多样化检测方法。我国的现状是，对新材料、新结构的无损检测重视不够，没有看到新材料的研究必须与新材料无损检测技术配套进行。新结构无损检测技术研究的初始阶段肯定极少能直接显示出经济效益,这可能是这个领域被忽视的根本原因。近年来,科研投资显著减少,研究力量分散,眼看与国外的差距又有拉大的趋势。显然,摆正复合材料无损检测技术的应有位置,引进国际上的先进技术以提高科研工作的起点,迅速赶上,这已是一项刻不容缓的任务。

4.8 焊缝的无损检测技术

焊缝检测的目的是保证焊缝质量,正确的检测方法是保证焊缝质量的前提。无损检测技术的发展为焊缝质量检验提供了重要、有效的手段。无损检测引入计算机技术后,提高了检测精度与检测效率,增强了检测功能。

4.8.1 外观检查

焊缝外观检查简便易行,成本低,只需少量简单工具,如量规、放大镜、卷尺、直尺、角尺等。外观检查是进行其他检测之前必不可少的工序,美国国家标准协会和美国焊接学会结构焊接规范 ANSI/AWSD1.1 规定"焊缝经外观检查后方可进行无损检测"。焊接结构在焊接前、焊接中与焊接后均应进行外观检查。焊前进行外观检查可以发现表面缺陷、未对齐、装配不当等。焊接时进行外观检查可以发现过焊、未焊透,及时纠正错误。焊后进行外观检查可以发现裂纹、翘曲、气孔、夹渣、弧坑、咬边等。检查焊缝前,必须清洗焊缝,但不得采用喷丸处理,以免堵封裂纹。对于简单焊缝,需在开始时进行检查,在焊接时定时检查。对于多层焊缝,每焊一层都应检查一次。对于多道焊缝,应特别注意检查根部质量。

外观检查只能发现表面缺陷,因此必须与其他无损检测方法相结合以检查焊缝内部质量。

4.8.2 射线检查

射线检查是焊缝质量检验广泛采用的重要无损检测技术,许多规范与标准均按规定采用。它能有效地检测焊缝内部缺陷,如气孔、砂眼、咬边、未焊透、裂纹、非金属夹杂、烧穿等。射线检测是利用 X 射线对金属的穿透而产生射线图像来检验金属内部微观结构的方法。所有材料均吸收一定的辐射能,因此 X 射线与 γ 射线可以显示材料内部的断裂与夹杂,通过永久性的胶片记录判定焊缝质量。X 射线由高压发生器产生,当射线管电压升高时,发射的 X 射线波长变短,产生更强的透射能力。γ 射线产生同位素裂变。工业上普遍采用的放射性同位素是钴 60 与铱 192。同位素发射的 γ 射线与 X 射线相似,只是波长较短,因而透射深度大于 X 射线。但 γ 射线强度较 X 射线低,曝光时间较长。X 射线照射焊件时,并非全部穿透金属。不同的材料,由于密度、厚度与原子量的不同,吸收不同波长的辐射能,因而透射强度也不同。感光胶片上的图像就是 X 射线照片。X 射线照射时,剖面较小或由空隙(夹杂或气孔)的部位吸收射线较少,射线图像颜色较深。反之,剖面较大或密度较大的部位则吸收较多的射线,射线图像颜色较浅。图像可靠性与分析价值是清晰度与对比度的函数。检测灵敏度取决于清晰度、对比度与颗粒度。为保证理想的曝光效果与清晰的图像,现在国外均采用像质计(IQI),即透度计,它可以对焊缝缺陷进行定性显示。

焊缝内部缺陷可以在荧光屏或胶片上观察到,速度快,成本低,但图像清晰度差,应用计算机技术可以解决此问题。荧光屏与视频相机连接可以实现缺陷的实时观察。图像数字化后输入计算机处理,可以提高清晰度。调整像素值、改变黑斑与对比度可使不易发现的微小缺陷在胶片上显示出来。此外，采用光盘存储图像可以缩小占用空间，便于调用。

正确分析射线图像至关重要。由于显影不当使胶片产生瘢痕、污点、走光等，给分析缺陷带来困难。检验人员必须经过培训、考核合格后方可上岗。由于射线对人体有害，必须采取有效的安全保护措施。

4.8.3 磁粉检测

磁粉检测用于检测焊件的表面与亚表面缺陷，如裂纹、熔化不全、咬边、未焊透等，操作方法比射线检测简单。在检测细密裂纹与表面缺陷方面优于射线检测与超声波检测。其最大局限性是只限于用磁性材料，而不能用于检测奥氏体钢。同时，此种方法也难于检测粗糙表面。

进行磁粉检测时，探头置于被检测部位两侧，通以强电流，探头间产生垂直于电流方向的磁通。遇到裂纹时，磁力线转向，从裂纹中漏过，产生磁极，此时表面铺撒的磁粉沾着在裂纹部位，显示有裂纹存在。磁力线必须与缺陷成一定角度，因此电流沿纵向通过工件时只能检测纵向缺陷。具体方法为在工件内放置一个螺线圈，铺撒磁粉后产生纵向磁力线，从而检测交叉的缺陷。一方面，如果母材与焊缝金属磁性不同，接头会产生不均匀磁性，给检测分析造成困难。另一方面，磁性不均匀的无损部位上附着的磁粉可能掩盖真正的缺陷，也会造成错误分析。对于大缺陷或圆形缺陷（气孔），检测灵敏度会有降低；对于薄料表面与亚表面的细长缺陷（裂纹），检测灵敏度最高。对于平行于磁场的细长缺陷（裂纹、夹层、夹杂），应调整磁场方向，最好取两个互成直角的方向。

磁粉分为干粉和湿粉两种。干磁粉通常用于大缺陷的检测，湿磁粉多用于检测飞机部件。细粒干磁粉有良好的流动性，一般为灰色、黑色与红色，可提高清晰度。湿法检测采用更细的红色或黑色磁粉，可检测极细的缺陷。荧光粉灵敏度极高，适用于检测角、槽或深孔的缺陷。

磁粉检测方法较简单，成本较低。要求检测人员能正确分析缺陷显示与鉴别无关图形。

4.8.4 液体渗透检测

液体渗透检测方法可以视为外观检查的延伸。美国国家标准协会和美国焊接学会结构焊接规范 ANSI/AWSD1.1 规定"应按外观检查要求对焊缝进行液体渗透检验"。液体渗透法主要用于航天工业，该方法简单，成本低。它可以检测磁性材料与非磁性材料表面肉眼看不见的裂纹与气孔，检测磁粉检测法无法检测的奥氏体钢和有色金属，特别适宜于检漏，对于薄壁容器，可以检测一般气密试验查不出的泄漏。

液体渗漏检测步骤：第一道工序是涂渗透剂前清洗并吹干工件表面，清除表面或缺陷内部的污物、水分等，避免渗透受阻而影响检测的效果。清洗介质为清洗剂。第二道工序为在工件表面涂渗透剂，停留一段时间（一般为1h或稍长时间）待渗透剂进入工件表面或缺陷内，然后用清洗剂蘸湿棉布擦去表面多余的渗透剂，要特别注意保护缺陷内的渗透剂。第三道工序为涂显影液，其功能是促进缺陷内渗透剂的吸出，形成并增强工件表面的图像显示。显影时间长短取决于许多因素，计算显影时间自工件水分完全排除与显影液涂层干燥以后开始。一般情况下显影时间至少为渗透剂停留时间的一半。

采用两种渗透剂：荧光渗透剂与染色渗透剂。荧光渗透剂为溶有荧光染料的渗透油，它与工件有很强的反差，在紫外光（黑光）下产生明亮的图像显示。染色渗透剂为溶有明亮染料的渗透油，染料通常为红色，配用白色显影液产生很强的对比度。由于采用普通光，成本可以明显降低。

显影液主要有干型、水悬浮型、水溶型与无水溶剂悬浮型等。焊缝检测通常采用无水溶剂悬浮型显影液，它进入缺陷后溶于渗透剂，增加了渗透剂体积并将其驱至工件表面，降低渗透剂黏度从而加快毛细管作用。此种显影液可与荧光渗透剂与染色渗透剂配用。

液体渗透检测法不足之处是，只能检测表面缺陷，不能有效地检测加热工件，对于有烟雾或夹杂的表面检测可能给出错误显示，对壁厚大于 0.25in（1in＝0.0254m）的容器进行检漏，灵敏度降低。

4.8.5 超声波检测

用超声波检测时使高频声束按预定路径透射底板与工件，当声波遇到裂纹时，部分声波反射回来，经收集、放大后在视频平面显示垂直图像。此种方法检测灵敏度高，可以检测其他方法不能检测的金属表面与亚表面极小的缺陷，例如射线无法达到的接头部位，尤其适于检测亚表面叠层结构。

超声波检测设备主要部分为换能器或探头，其中封装着石英晶体或其他压电材料。加（电）压后，晶体快速振动。检测时将换能器对着工件，使石英晶体的振动以机械波的形式传向材料母体和焊缝，到达缺陷部位或密度改变部位后，振动波发生了变化，部分振动波反射回来，被晶体接收后产生电信号，显示在屏幕上。屏幕上的合成图像即代表了反射信号与焊缝缺陷。轻便型超声波探伤仪适用于野外作业如桥梁、建筑，可以采用数字运算与微处理器控制，并可以配有内存储器，可提供打印或视频监视或记录。如同计算机连接，则具有更多的功能，如分析、记录、归档等。

同其他无损检测方法比较，超声波方法不适于检测焊缝气孔，这是因为圆形气孔如同若干单点反射器，它对超声波产生低幅响应，易于同基线噪声混淆。此外，超声波方法不易获得永久记录。超声波方法要求检验人员必须经过专业培训，具有熟练的检测技能，能正确分析检测图像显示。

上述每种无损检测方法并非万能，各有其特点与局限性，应根据具体检测要求综合采用，取长补短，优势互补。例如，射线方法不能有效地检测层叠缺陷，而这正是超声波法的优势；超声波法不适于检测分散气孔，若用射线方法则可取得理想效果；磁粉法与液体渗透法均只能检测表面缺陷，而射线方法则可以检测内部缺陷。

对焊缝进行无损检测必须同焊缝质量 5p 要素相结合，掌握 5p 要素是焊接质量的可靠保证，可减少无损检测工作量。5p 要素如下。

①工艺方法（process）：选择正确的焊接方法。②工艺准备（preparation）：焊接结构合理并与焊接方法相适应。③工艺过程（procedures）：制定详细的焊接工艺规程，并严格执行。④预先试验（protesting）：通过 1∶1 模拟件验证工艺方法与工艺规程是否满足质量要求。⑤人员（personnel）：有合格的工艺施工人员。

思考与讨论题

1. 常用的无损检测方法有哪些？试述其工作原理。
2. 试述先进无损检测方法的优缺点。
3. 试举先进无损检测方法在材料成型过程中的应用实例。

第5章 控制系统理论基础

5.1 自动控制系统的发展历史

自动控制就是在无人直接参与的情况下，利用控制装置（控制器）使被控制对象或过程自动地按规定的运行规律去运行。导弹能准确地命中目标，人造卫星能按预定轨道运行并返回地面，宇宙飞船能准确地往月球上着落并安全返回，都是自动控制技术发展的结果。

自动控制是一门理论性很强的工程技术，称为"自动控制技术"，实现这些技术的理论叫"自动控制理论"，它分为三部分，即"经典控制理论"、"现代控制理论"、"大系统理论与智能控制理论"。

自动控制是一门年轻学科，从 1945 年开始形成。这以前，世界各国对此做出很多贡献，是自动控制理论的胚胎与萌芽时期，在这一时期，我国具有杰出的成就。"中国是世界文明发达最早的国家之一"，天文学有关领域的需要产生了自动装置。三千年前发明了自动计时的"铜壶滴漏"装置；公元前 2 世纪发明了用来模拟天体运动和研究天体运动规律的"浑天仪"；二千一百年前研制出指南车；公元 132 年产生了世界第一架自动测量地震的"地动仪"；公元 3 世纪发明了自动记录里数的"记里鼓车"；公元 11 世纪发明了自动调节器"平衡装置"。

工业生产和军事技术的需要，促进了经典自动控制理论和技术的产生和发展。18 世纪欧洲产业革命后，由于生产力的发展，蒸汽机被广泛应用作为原动力。为使工作更完善（解决不易控制问题），1765 年俄国机械师波尔祖诺夫发明了蒸汽机锅炉水位调节器；1784 年英国瓦特发明了蒸汽机离心式调速器。在蒸汽机控制中，人们总希望转速恒定，因此判定稳定、设计稳定可靠的调节器成为重要课题。1877 年 ROUTH 和 HURWITZ 提出判定系统稳定的盘踞。19 世纪前半期，生产中开始利用发电机、电动机，又促进了水利发展，出现了水电站远控、简单程序控制、电压和电流的自动调整等技术。19 世纪末到 20 世纪前半期，由于内燃机的应用，促进了船舶、汽车、飞机制造业、石油业的发展，同时对自动化又提出了要求，由此相应产生了伺服控制、过程控制等技术。二次世界大战中，为了生产和设计飞机、雷达和火炮上各种伺服机构，需要把过去自动调节技术和反馈放大器技术进行总结，于是搭起了经典控制理论的架子，战后这些理论公开，并用于一般工业生产控制中。

① 经典控制理论期（20 世纪 40～60 年代） 1945 年美国波德写了"网络分析和反馈放大器设计"，奠定了经典控制理论基础，在西方国家开始形成自动控制学科，1947 年美国出版了"伺服机件原理"的第一本自动控制教材，1948 年美国麻省理工学院出版了"伺服机件原理"另一本教材，建立了现在广泛使用的频率法。20 世纪 50 年代是经典控制理论发展和成熟的时期。主要内容为频率法（拉氏变换及 Z 变换）、根轨迹法、相平面法、描述函数法、稳定性的代数判据和几何判据、校正网络等，这些理论基本解决了单输入单输出自动控制系统的问题，同时开始逐渐分化。由线性控制向非线性控制发展，由常系数控制向变系数

控制发展，由连续控制向断续控制发展，由分散控制向集中控制发展，由反馈控制向前馈控制、最优控制、自适应控制发展。

② 现代控制理论期（20 世纪 60 年代中期）　空间技术的需要和电子计算机的应用，推动了现代控制理论和技术的产生与发展。50 年代末 60 年代初，空间技术的发展迫切要求对多输入多输出、高精度参数时变系统进行分析与设计，这是经典控制理论无法有效解决的问题，于是出现了新的自动控制理论，称为"现代控制理论"。1960 年卡尔曼发表了"控制系统的一般理论"，1961 年又与布西发表了"线性过滤和预测问题的新结果"。西方国家公认卡尔曼奠定了现代控制理论基础，他的工作是控制论创始人维纳工作的发展，主要引进了数学计算方法中的"校正"概念。现代控制理论主要内容为状态空间法、系统识辨、最佳估计、最优控制。

以经典控制理论为基础，以自动调节器为核心的自动调节系统阶段：对象是单输入单输出线性自动调节系统，数学模型用传递函数表示，方法是频域法，研究的主要内容是稳定性问题，主要控制装置是自动调节器，技术工具类型为机械、气动、液体、电子等，主要用于实现局部自动化。

以现代控制理论为基础，以控制计算机为核心的最优控制系统阶段：对象是多输入多输出的复杂系统，数学模型用状态方程表示，方法是时域法，主要内容是最优性问题，主要控制装置是电子计算机，用于实现企业管理和控制综合自动化。

③ 大系统理论与智能控制理论期　它是 20 世纪 70 年代后，控制理论向广度和深度发展的结果。大系统是指规模庞大、结构复杂、变量众多的信息与控制系统，它涉及生产过程、交通运输、计划管理、环境保护、空间技术等多方面的控制和信息处理问题。而智能控制系统是具有某些仿人智能的工程控制与信息处理系统，其中最典型的就是智能机器人。

5.2　自动控制系统的工作原理

自动控制系统种类繁多，其功能和组成也是多种多样的，就其工作原理来说，可分为开环控制、闭环控制和这两种控制的组合——复合控制。相应的控制系统称为开环控制系统、闭环控制系统和复合控制系统。

5.2.1　开环控制系统

系统的控制输入不受输出影响的控制系统称为开环控制系统。在开环控制系统中，输入端与输出端之间，只有信号的前向通道而不存在由输出端到输入端的反馈通路。因此，开环控制系统又称为无反馈控制系统，开环控制系统由控制器与控制对象组成。

图 5-1 给出了一个电加热炉炉温控制系统原理图。该控制系统要求炉温维持在给定值附近一定的范围内。给定炉温所要求的期望值（给定值、输入量）后，根据经验和实验数据，把调压器滑头置于某一给定位置上，接通电源后，通过电阻丝给电炉加热。该系统控制对象是加热炉，被控量是炉内温度，控制装置是调压器、电阻丝。由于电源的波动、炉门开闭的次数不同，炉内实际温度与期望的温度（给定值）会出现偏差，有时偏差可能比较大。但该系统不可能由于存在偏差，自动调整调压器滑头的位置，改变电阻丝的电流来消除温度偏差，也就是说输出量对系统的控制作用没有任何影响。因此，该炉温控制系统是一个开环系统，可用图 5-2 的方框图表示。

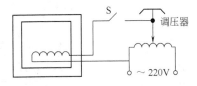

图 5-1 开环控制的电加热炉原理图

图 5-2 开环控制的电加热炉方框图

开环控制有两种：形式按给定值控制的开环控制，图 5-3(a) 就是这种形式的开环控制；另一种形式就是按干扰补偿的开环控制，如图 5-3(b) 所示。该系统对干扰进行测量，利用测量得到的干扰值修正控制作用，补偿干扰对被控量的影响。从干扰作用端至输出端，也仅有顺向作用而无反向联系，因此，也是开环控制。这种控制方式的前提条件是干扰能够被测量。

图 5-3 两种开环控制方式方框图

目前国民经济在各部门都广泛应用开环控制系统，如自动售货机、自动洗衣机、产品自动生产流水线及交通指挥的红绿灯转换等。

5.2.2 闭环控制系统

闭环控制系统又称反馈控制系统。在闭环控制系统中，既存在由输入端到输出端的信号前向通路，也存在从输出端到输入端的信号反馈通道，两者组成一个闭合的回路。控制系统要达到预定的目的或具有规定的性能，必须把输出量的信息反馈到输入端进行控制。通过比较输入值与输出值，产生偏差信号，该偏差信号以一定的控制规律产生控制作用，逐步减小以致消除这一偏差，从而实现所要求的控制性能。闭环控制是最常用的一种控制方式，显然，有简单的闭环控制，也有复杂的闭环控制。闭环控制在工程系统和社会经济系统中正得到广泛的应用，在生命有机体的生长和进化过程中也普遍存在着这种反馈控制。生命有机体为适应环境的变化而做出的有效的动作反应，主要是依靠这种反馈作用。人具有学习能力，能通过学习积累经验，用过去的经验来调节未来行为的策略。人具有通过学习来适应环境和改造世界的能力，本质上也是一种反馈控制。

图 5-4 给出了电加热炉炉温控制的闭环控制系统原理图。电加热炉内的温度要稳定在某一给定的温度 T_r 值附近，T_r 值是由给定的电压信号 u_r 决定的，热电偶作为温度测量元件，测出炉内实际温度 T_c，热电偶输出电压 u_c 比例于炉内实际温度 T_c，误差信号反映炉内期望的温度与实际温度的偏差值，即 $e＝u_r－u_c$。该误差信号经放大后控制电机旋转以带动变压器滑头移动，通过改变流过加热电阻丝的电流，以消除温度偏差，使炉内实际温度等于或接近预期的温度值。

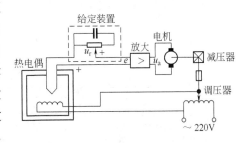

图 5-4 电加热炉的闭环控制系统原理图

如果某一时刻，$e<0$，表明 $T_r>T_c$，电机旋转带动滑头向右移动，通过电阻丝电流增大，炉温升高，直到偏差 e 等于或接近零，这种状态称为负反馈作用。如果 $e>0$，电机旋转使变压器滑头向左移动，通过电阻丝电流减小，炉温继续下降，偏差 e 将不断增大，这种状态称为正反馈作用。概括地说，若反馈信号与输入信号相减，称为负反馈；若反馈信号与输入信号相加，则称为正反馈。实现反馈，首先要测量输出量，然后再与输入量相比较而构成反馈回路。因此，存在比较、测量装置是闭环控制系统的基本结构特征。电加热炉炉温闭环控制系统方框图如图 5-5 所示，其中〇表示比较环节，箭头表示信号的作用方向，"—"号表示负反馈。

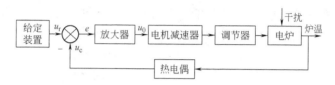

图 5-5　电加热炉的闭环控制系统方框图

一般地说，开环控制系统结构比较简单，成本较低。开环控制系统的缺点是控制精度低和抑制干扰能力差，而且对系统参数变化很敏感，一般用于可以不考虑外界影响、精度要求不高的场合，如洗衣机、步进电机控制及水位调节等。

同开环控制相比，闭环控制具有很大优点。闭环控制系统，不论是输入信号的变化，或者干扰的影响，或者系统内部的变化，只要是被控量偏离了规定值，都会产生相应的作用去消除偏差。因此，闭环控制抑制干扰能力强，与开环控制相比，对参数变化不敏感，并能获得满意的动态特性和控制精度。但是，引入反馈增加了系统的复杂性，如果闭环系统参数的选取不适当，系统可能会产生振荡，甚至系统失稳而无法正常工作，这是自动控制理论和系统设计必须解决的重要问题。

5.2.3　复合控制系统

反馈控制是在外部作用（输入信号或干扰）对控制对象产生影响后才能做出相应的控制，尤其是控制对象具有较大延迟时，反馈控制不能及时地影响输出的变化。前馈控制能预测输出外部作用的变化规律，在控制对象还没有产生影响之前就做出相应的控制，使系统在偏差即将产生之前就注意纠正偏差。前馈控制和反馈控制相结合构成了复合控制，也就是说复合控制是开环控制和闭环控制相结合的一种控制方式。复合控制是构成高精度控制系统的一种有效控制方式，使自动控制系统具有更好的控制性能。复合控制基本上具有两种形式：按输入前馈补偿的复合控制和按干扰前馈补偿的复合控制，如图 5-6 所示。

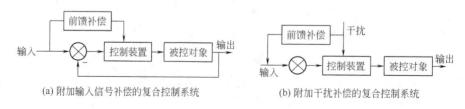

(a) 附加输入信号补偿的复合控制系统　　　　(b) 附加干扰补偿的复合控制系统

图 5-6　复合控制系统

5.3 闭环控制系统的基本组成

图5-7是一个典型的闭环控制系统方框图，该图表示了组成该系统各环节（或装置）在系统中的位置及相互关系。一个典型的闭环控制系统应该包括给定装置、比较装置（用○表示）、放大装置、测量装置、串联校正和反馈校正装置、执行机构及被控对象，校正装置又称补偿装置。

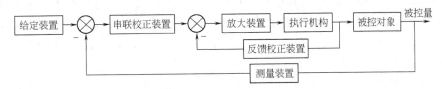

图 5-7　闭环控制系统方框图（纯直流控制方案）

① 给定装置：用于产生给定值或输入信号，如图5-4中产生给定值 u_r 的电位装置。

② 比较装置：用来比较输入给定值与输出值，并形成偏差信号，如差动放大器、桥式双电位计装置、自整角机、旋转变压器、机械差动装置等。

③ 测量装置：测量被控量和某些中间变量，用来产生反馈信号。测量装置有位置传感器、速度传感器、压力、温度、流量传感器等，如电位计、热电偶、测速发电机、角度编码器、速率陀螺等。有些测量装置可以同时实现测量和比较的双重作用，如旋转变压器、桥式电位计、自整角机等。通常要求测量装置有较高的灵敏度、较宽的测量范围、较好的线性度，并且测量精度要满足控制系统的要求。

④ 放大装置：对偏差信号进行幅值和功率放大，满足驱动执行机构的要求。

⑤ 执行机构：直接对控制对象进行操纵的装置，如直、交流电机，液压马达等。执行机构根据输入能量不同可分为电动、气动和液压三类。电动执行机构安装灵活，使用方便，在自动控制系统中应用最广；气动执行机构结构简单，重量轻，工作可靠，并且有防爆特性，在中、小功率的化工石油设备和机械工业自动生产线上应用较多；液压执行机构功率大，快速性好，运行平稳，广泛用于大功率的控制系统。

⑥ 补偿装置：分为串联和反馈补偿装置，用以改善和提高控制系统的性能。

图5-7给出的控制方案是纯直流控制方案，这种结构简单，容易实现，在控制系统中获得了广泛的应用。但是由于直流放大器的漂移较大，限制了增益不能很高，因此，系统的精度受到限制。工程上还广泛应用一种交直流混合控制方案，该控制结构的方框图如图5-8所示。采用交流调制测量元件输出，测量元件输出经交流放大、相敏、检波、滤波后，形成直流控制信号，经直流补偿、放大后送至执行机构，这种控制结构有助于系统精度的提高。

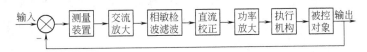

图 5-8　交直流混合控制方案结构方框图

5.4　对控制系统的要求

由于控制系统总是含有储能元件或惯性元件，因而系统的输出量和反馈量总是滞后于输入量的变化。因此，当输入量发生变化时，输出量从原平衡状态变化到新的平衡状态总是要经历一定时间。在输入量的作用下，系统的输出变量由初始状态达到最终稳态的中间变化过程称为过渡过程，又称为暂态过程、瞬态过程。过渡过程结束后的输出响应称为稳态过程。系统的输出响应由暂态过程和稳态过程组成，工程上的各类控制系统都存在暂态过程。

自动控制系统的种类繁多，控制功能、性能要求往往也不一样，但对控制系统的共同要求一般可归结为下面三点。

① 稳定性　稳定性是系统受到短暂的扰动后其运动性能从偏离平衡点恢复到原平衡状态的能力。控制系统都含有储能或惯性元件，若闭环系统的参数选取不合适，系统就会产生振荡或发散而无法正常工作。稳定性是一切自动控制系统必须满足的最基本要求，对稳定性的研究是自动控制理论中的一个基本问题。

② 良好的过渡过程性能　描述过渡过程性能可以用平稳性和快速性加以衡量。平稳性指系统由初始状态运动到新的平衡状态时，具有较小的过调和振荡性；系统由初始状态运动到新的平衡状态经历的时间表示系统过渡过程的快速程度。良好的过渡性能是指系统运动的平稳性和快速性满足要求。

③ 稳态误差　稳态误差是在系统过渡过程结束后，期望的稳态输出量与实际的稳态输出量之差。控制系统的稳态误差越小，说明控制精度越高。因此，稳态误差是衡量控制系统性能好坏的一项重要指标，控制系统设计任务之一就是在兼顾其他性能指标的情况下，使稳态误差尽可能小或者小于某个允许的限制值。

上面提到的三点是对控制系统的基本要求，对于不同用途的控制系统，还有一些其他要求。例如，被控量应能达到的最大速度、最大加速度、最低速度以及在低速工作时的运动平稳性；对参数变化敏感要求，即要求控制系统参数在某个范围内变化时，仍能稳定地工作；可靠性、成本要求；还有对环境的要求，如环境的温度、湿度、腐蚀性和防爆性等。

5.5　自动控制系统的分类

自动控制系统的功能和组成多种多样，因而控制系统有多种分类方法。按其工作原理可分为开环控制、闭环控制和复合控制；按其数学模型可分为线性系统和非线性系统，定常系统和时变系统；按系统内部的信号特征可分为连续系统和离散系统；也可按系统的功能分类，如温度控制系统、位置控制系统等；按系统装置类型可分为机电系统、液压系统和电气系统等；按系统输入信号变化规律可分为伺服控制系统、恒值控制系统和程序控制系统等。

（1）线性系统与非线性系统

根据描述的系统的数学模型，凡是由线性微分方程或线性差分方程描述的系统称为线性系统，而由非线性方程描述的系统则称为非线性系统。线性系统具有可叠加性和均匀性。当有几个输入信号同时作用于系统时，系统的总响应等于每个输入信号单独作用所产生的响应之和，就表明系统具有可叠加性。即当输入信号为 $r_1(t)$ 和 $r_2(t)$ 时，系统输出响应分别为 $c_1(t)$ 和 $c_2(t)$；则当输入信号为 $r_1(t)+r_2(t)$ 时，输出为 $c_1(t)+c_2(t)$。

所谓均匀性是指当输入信号乘一常数时，则输出响应也倍乘同一常数。即输入为 $r(t)$，输出为 $c(t)$；当输入为 $kr(t)$，则输出为 $kc(t)$，其中 k 为任意常数。

线性系统的一个重要性质是系统的响应可以分解为两个部分，即零输入响应和零状态响应之和。前者指由非零初始状态所引起的响应；后者是指仅由输入引起的响应，两者可以分别计算。这一性质为线性系统的分析和研究带来很大方便。

非线性系统不满足叠加原理，即不具有可叠加性。非线性控制系统的形成基于两类原因，一是控制系统中包含有不能忽略的非线性因素或非线性元件，二是为提高控制性能或简化控制系统结构而人为地引入非线性元件。非线性系统的分析远比线性系统复杂，缺乏能统一处理的有效数学工具，因此非线性控制系统至今尚未像线性系统那样建立一套完美的理论体系和设计方法。

严格地说，实际的物理系统不可能是完全的线性系统，但是在很多情况下通过近似处理和合理简化，大量的物理系统都可在足够准确的和在一定的范围内化作线性系统来进行分析。

（2）时变系统与定常系统

特性随时间变化的系统称为时变系统，特性不随时间变化的系统称为定常系统，又称为时不变系统。描述其特性的微分方程或差分方程的系数不随时间变化的系统是一个定常系统。定常系统分为定常线性系统和定常非线性系统。对于定常线性系统，不管输入在哪一时刻加入，只要输入的波形是一样的，则系统输出响应的波形也总是同样的；对于时变系统，其输出响应的波形不仅与输入波形有关，而且还与输入信号加入的时刻有关，这一特点，增加了对时变系统分析和研究的复杂性。

严格地说，没有一个系统是定常的。例如，系统的特性或参数会由于元件的老化、温度变化或其他原因而随时间变化，引起模型中方程的系数发生变化。但是，在许多情况下，在所考察的时间间隔内，其参数的变化相对于系统运动变化要缓慢得多，则该系统可近似作为定常系统处理。在工程中，应用最广的是所谓冻结系数法，这一方法的实质是在系统工作时间内，分段将时变系数"冻结"为常值。通常，冻结系数法只对参数变化比较缓慢的时变系数才可行。对时变系统，可以在通过对参数进行在线评估的同时，采用自适应控制方法实现控制。

（3）连续系统与离散系统

系统各组成部分的变量都具有连续变化形式的系统称为连续系统，即系统中各部分的信号均为时间变量的连续函数，连续系统的数学模型是用微分方程描述的。系统一些组成部分的信号具有离散信号形式的系统称为离散系统。离散系统的特点是，在系统中的一处、几处或全部的信号为脉冲序列或数码的形式，其信号在时间上是离散的。离散系统的数学模型可用差分方程描述。

对一个控制系统，如果信号在离散时间上取值，其幅值是连续变化的，则称该系统为采样数据控制系统；如果它的幅值也是离散或量化的，则称为数字控制系统。

5.6　控制系统性能分析

5.6.1　典型输入信号

一般情况下，控制系统的外加输入信号因具有不确定性而无法预先知道。例如，在火力发电厂锅炉燃烧过程控制系统中，外加的扰动输入信号是各种各样的，其大小和时间长短都是无法知道的。只有在一些特殊的情况下，控制系统的输入信号才是确知的，例如外界负荷要求的变化。因此，在分析和设计控制系统时，为了对各种控制系统有一个比较的基础，必须规定一些具有典型意义的试验信号，然后将各种控制系统对这些典型试验信号的响应进行比较。为了使采用典型输入信号所得到的结果符合控制系统的实际工作情况，并便于各系统的分析和比较，典型输入信号应能反映系统实际工作情况或系统可能遇到的更加恶劣的情况，其次还应考虑所选的典型信号在形式上尽可能简单，以便于对系统响应进行分析。

在控制工程中，常用的典型输入信号有以下几种时间函数。

① 阶跃函数　阶跃函数的定义是

$$x(t) = \begin{cases} 0 & t < 0 \\ x_0 & t \geq 0 \end{cases}$$

式中，x_0 为常数。

当 $x_0 = 1$ 时，称为单位阶跃函数，记作 $1(t)$。阶跃函数 $x(t)$ 的时间函数如图 5-9 所示。在控制系统中，突然改变参考输入量，或突然改变外界负荷，都属于这类性质的信号。由于阶跃函数输入信号的起始变化十分迅速，因此对系统来说是最不利的一种输入形式。

② 斜坡函数　斜坡函数的定义是

$$x(t) = \begin{cases} 0 & t < 0 \\ vt & t \geq 0 \end{cases}$$

式中，v 为常数，当 $v = 1$ 时，称为单位斜坡函数。

斜坡函数的时间函数如图 5-10 所示。

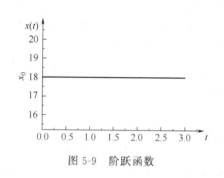

图 5-9　阶跃函数

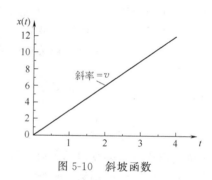

图 5-10　斜坡函数

斜坡函数也称作速度函数，它等于阶跃函数对时间的积分，而它对时间的导数就是阶跃函数。

在控制系统中，当积分器（例如运算放大器）输入端加上恒值电压时，其输出就是斜坡电压信号。又如转轴的输入是恒定转速，则角位移就是斜坡函数。

③ 抛物线函数　抛物线函数的定义是

$$x(t) = \begin{cases} 0 & t < 0 \\ \dfrac{1}{2} R t^2 & t \geq 0 \end{cases}$$

式中，R 为常数，当 $R = 1$ 时，称为单位抛物线函数。

抛物线函数的时间函数如图 5-11 所示。

抛物线函数也称为加速度函数，因为它可由速度函数对时间积分得到。

斜坡函数和抛物线函数信号是随动系统中常用的输入信号。

④ 脉冲函数　脉冲函数的定义是

$$x(t) = \begin{cases} 0 & t < 0 \\ \dfrac{R}{\varepsilon} & 0 < t < \varepsilon \\ 0 & t > \varepsilon \end{cases}$$

式中，R 是常数；ε 为无穷小。

脉冲函数的时间函数如图 5-12 所示。

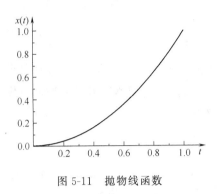

图 5-11 抛物线函数

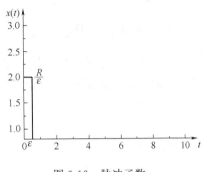

图 5-12 脉冲函数

图 5-12 中的脉冲函数的面积等于 $\dfrac{R}{\varepsilon} \times \varepsilon = R$。当 $R = 1$，ε 趋于 0，称为单位脉冲函数（或称 δ 函数），它的幅值很大（理论上认为是无穷大），但它的面积仍为 1，即

$$\int_{-\infty}^{+\infty} \delta(t) \mathrm{d}t = 1$$

在 $t = t_0$ 处的单位脉冲函数定义为 $\delta(t - t_0)$，其含义是

$$\delta(t - t_0) = \begin{cases} 0 & t \neq t_0 \\ \infty & t = t_0 \end{cases}$$

$$\int_{-\infty}^{+\infty} \delta(t - t_0) \mathrm{d}t = 1$$

单位脉冲函数的拉氏变换等于 1。

单位脉冲函数（δ 函数）是数学上的抽象概念，在实际中并不存在，但在控制系统的分析中却很有用处。单位脉冲函数 $\delta(t)$ 可认为是单位阶跃函数在间断点的导数，即

$$\delta(t) = \frac{\mathrm{d}}{\mathrm{d}t} 1(t)$$

反之，单位脉冲函数 $\delta(t)$ 的积分就是单位阶跃函数。

⑤ 正弦函数　正弦函数的定义是

$$x(t) = A \sin(\omega t + \theta)$$

式中，A 为正弦函数的最大幅值；ω 为角频率；θ 为相位角。正弦函数如图 5-13 所示。

控制系统中的频率分析法就是采用正弦函数作为典型输入信号，采用不同频率的正弦函数信号输入系统可以得出控制系统的频率特性，从而可以间接地分析控制系统的动态性能和稳态性能。

在控制系统的分析和综合中，究竟选取哪一种形式的典型输入信号最为合适，取决于系统在正常工作条件下最常见的和最不利的输入信号形式。例如，控制系统的输入经常是突变的参考输入信号或扰动，则采用阶跃函数作为典型输入信号；如果系统的输入经常是随时间逐渐变化的，则可取斜坡函数作为典型输入信号；其他可同样根据工作条件选取相应的典型输

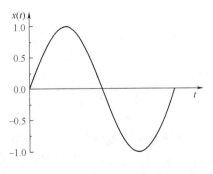

图 5-13 正弦函数

入信号。

需要特别指出的是，无论选用何种典型输入信号，对同一控制系统来说，其动态响应过程所表征的系统性能都是一样的。

5.6.2 系统性能分析方法

控制系统的性能分析是指系统的输出信号（被控量）的变化是否符合生产过程要求的性能指标。当输出信号处于平衡状态时，输出信号和引起它变化的输入信号之间的关系称为稳态特性（或称静态特性）；而当输入信号和输出信号都随时间变化时，则它们之间的关系称为动态特性。

（1）动态特性分析

设自动控制开始处于平衡状态，在 $t=0^+$ 时受到扰动作用（即系统的输入信号发生了变化），因此，输出信号也随之变化，如图 5-14 所示。图中，$x(t)$ 为系统的输入信号，假设为一典型的阶跃输入；$y(t)$ 为系统的输出信号。输入输出之间的关系可用函数关系 $y(t)=f[x(t)]$ 来表示。由于控制系统包括的机械部分和电气部分，前者存在质量、惯量、阻尼等，后者存在电感、电容等。同时也由于能源、功率的限制，因而 $y(t)$ 不可能瞬时控制到一个新的平衡状态，要经历一个过程才能达到新的平衡状态。这一过程称为动态过程或过渡过程。此过程反映的特性即为动态特性，或称为动态响应。

（2）稳态特性分析

由图 5-14 可见，当 t 趋于无穷时，$y(t)$ 将稳定在一个新的平衡状态 $y(t)|_{t\to\infty}=y(\infty)$。这时，过渡过程结束，$y(\infty)$ 的值称为稳态值。$y(\infty)$ 越小，则说明控制系统的控制精度越高。对于某些生产过程来说，希望控制的结果能使稳态误差为 0。

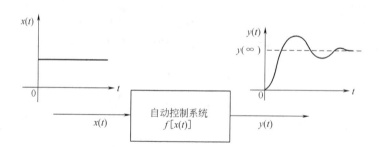

图 5-14　控制系统输入信号和输出信号的动态特性

5.7　对控制系统的一般要求

为了实现自动控制的基本任务，必须对系统在控制过程中表现出的行为提出要求，对控制系统的基本要求，通常是通过系统反应的特定输入信号（或叫试验信号），例如单位阶跃信号的过渡过程及稳态的一些特征值来表示。其基本要求可综述为三个方面，即系统的稳定性、动态特性和稳态特性。

（1）系统的稳定性

若系统有扰动或给定输入作用发生变化，系统的输出量产生的过渡过程随时间增长而衰减，而回到（或接近）原来的稳定值，或跟踪变化了的输入信号，则称为系统稳定。反之，输出量产生的过渡过程随时间增长而发散或持续等幅振荡，则称为系统不稳定。

（2）系统的动态特性

由于系统的对象和元件通常都具有一定的惯性（如电磁惯性、机械惯性），又由于能源功率的限制，系统中的各种物理量，如电压、电流、速度、温度等的变化不可能突变。因此，系统从一个稳定状态过渡到另一个新的稳定状态，都需要经历一个过渡过程，它反映了系统的动态特性，通常是用能描述过渡过程的特征值来表示。现以单位阶跃响应信号作用下，控制系统的过渡过程来说明，如图 5-15 所示。

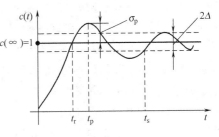

图 5-15　单位阶跃响应特性

① 系统上升时间 t_r。系统过渡过程首先达到新的状态需要的时间为上升时间 t_r，它是说明系统反应速度的。

② 系统超调量 σ_p。对于稳定系统而言，系统过渡过程的第一次超调量为最大，取其为性能指标之一。

$$\sigma_p = \frac{c(t_p) - c(\infty)}{c(\infty)} \times 100\%$$

它是说明系统阻尼性，即振荡性的。阻尼大振荡小，即超调量小，说明系统过渡过程进行得很平稳。不同的控制系统，对超调量要求也不同。如一般调速系统，$\sigma_p = 10\% \sim 35\%$；轧钢机的初轧要求，$\sigma_p < 10\%$。

③ 系统的过渡过程时间 t_s。它是从给定输入作用于系统开始，到输入量离期望值的 $\pm 5\%$（或 $\pm 2\%$）区域所需时间。当 $t \geq t_s$ 时，则有

$$|c(t) - c(\infty)| \leq \Delta (\Delta = 0.05 \text{ 或 } 0.02)$$

过渡过程时间 t_s 说明系统是惯性的，反映了系统的速度。如连轧机 $t_s = 0.2 \sim 0.5s$；造纸机 $t_s = 0.3s$。

④ 系统振荡次数 N。它是指在过渡过程时间，输出量在期望值上下摆动的次数。振荡次数 N 小，说明系统阻尼性好。如普通机床 $N = 2 \sim 3$ 次；造纸机传动 $N = 0$，即不允许有振荡。

（3）系统的稳态特性

对于稳定系统，输出的稳态值与其期望值之间出现的偏差称为系统的稳态误差 e_{ss}。系统的稳态误差的大小反映了系统的稳态精度，说明了系统的准确程度。

综上，对控制系统的性能要求，可归结为稳定好、动作快、精度高。

5.8　控制系统的计算机辅助设计

5.8.1　控制系统的计算机辅助设计发展概况

控制系统计算机辅助设计是利用计算机辅助设计控制系统的技术，它是在控制系统计算机仿真技术的基础上发展起来的。自动控制作为一门学科出现在 20 世纪 40 年代，当时主要针对单输入单输出系统，主要的设计方法是频域法和根轨迹法。在 20 世纪 60 年代以前，控制系统的分析和设计主要依靠手工计算和一些图表的帮助，如奈奎斯特图、对数坐标图、尼柯尔斯图、等 M 图和等 N 图。

到了 20 世纪 60 年代，控制系统的分析和设计逐渐采用计算机作为辅助工具，控制系统

计算机辅助设计的发展大致可以分为三个阶段。第一阶段，从 20 世纪 60 年代到 70 年代初，采用一个和几个控制系统计算程序组成的控制系统计算机辅助设计软件包，这种软件包主要是根据频域法和根轨迹法设计单输入单输出系统的程序和利用线性二次型最优控制理论来设计最优控制系统的程序。在这一阶段，仿真语言的发展对控制系统计算机辅助设计起了推动作用。第二阶段，从 70 年代初到 80 年代，随着多变量频域法的出现，出现了功能齐全的用于多变量系统设计的控制系统计算机辅助设计软件包。在这一阶段，微型计算机、高分辨率图形终端、精密绘图仪、光电扫描仪等的出现，加强了人机联系。第三阶段，从 80 年代中期开始，提出了控制系统计算机辅助设计专家系统。1985 年，出现具有专家系统支持的 LQG（线性二次型高斯控制系统）软件包。现在正在研究多变量自适应控制系统的实时专家系统等。控制系统计算机辅助设计反过来也促进了控制理论以及控制系统设计方法的发展。

5.8.2　控制系统计算机辅助设计的主要内容

（1）计算机辅助建立系统模型

对控制系统分析与设计，首先要建立被控对象的数学模型，工程上广泛应用的方法之一是直接根据物理规律列写系统的动力学方程。采用这种方法建立系统模型时，也有许多工作可以由计算机完成，如参数的确定、工作点附近的线性化及通过仿真检验数学模型的精度等。建立数学模型的另一种方法是采用系统辨识的方法，即对控制对象施加一定的实验信号，测量输入和输出数据，通过对这些数据进行分析、处理，从而辨识出对象的数学模型。这些辨识方法需借助计算机来完成。

（2）数学模型表示方式之间的相互转换

描述系统的数学模型可以有多种表示方式，为了能适合不同的分析、设计方法，有时需要对系统的模型表示方式进行转换。诸如：连续模型与离散模型的转换；传递函数与状态方程之间的转换；给出系统的结构图，用计算机导出开环系统和闭环系统的传递函数等。

（3）计算机辅助分析和设计控制系统

根据自动控制理论所形成和建立的系统分析和设计的各种方法，控制工程师借助于计算机为这些分析和设计方法的应用开辟了广阔的天地，它使原来难以应用的设计方法成为可能。控制工程师借助于控制系统计算机辅助设计系统具有以下很多突出特点。

① 提高设计精度，减少错误，能完成单靠人力方式无法完成的复杂计算和设计。借助于计算机的帮助，使得一些新的设计方法能在实际应用中得以实施。

② 提高设计效率，缩短设计周期。

③ 由于计算机的快速计算能力和修改参数容易的优点，可以对不同的设计方法及不同的参数组合进行充分的比较，选出最佳设计方案，便于实现最优设计，获得最佳经济效益。

④ 借助于计算机输出图形显示，可以对控制系统的动态响应性能获得更加直观和深入的理解。

⑤ 功能齐全、性能良好的人机对话功能把控制工程师的经验、知识、决策能力与计算机强大的计算和数据处理能力结合起来，设计出更好的系统。

⑥ 降低设计成本。

控制系统计算机辅助设计在控制工程各领域得到了广泛的应用和发展。控制工程师借助于控制系统计算机辅助设计程序可以较容易、方便地设计出性能良好的控制系统，验证控制系统设计、分析理论，并为进一步发展和完善控制系统的设计方法提供了一条有效途径。

控制系统计算机辅助设计对提高自动控制理论的教学质量也是明显的。借助于控制系统计算机辅助设计程序，可以使学生减少许多不必要的繁杂的手工计算；借助于计算机，可以很方便地采用各种设计分析方法在更接近实际的高阶系统上进行训练，从而加深对控制系统理论的学习和理解，提高学习效率，更好地获得实际控制系统的设计经验。

思考与讨论题

1. 试述自动控制系统的分类、组成及其工作原理。
2. 自动控制工程中，典型的输入信号有哪些？
3. 自动控制系统的动态特性表征参数有哪些？

第 6 章　控制仪表与装置

　　控制仪表与装置是实现生产自动化的重要工具。在自动化控制系统中，由检测仪表将生产工艺参数变为电信号或气压信号后，不仅要由显示仪表显示和记录，让人们了解生产过程的情况，还需将信号传送给控制仪表和装置，对生产过程进行自动控制，使工艺参数符合预期要求。

6.1　控制仪表与装置的分类与发展

6.1.1　控制仪表与装置的分类

　　按控制仪表与装置所用能源的不同，可以将其分为电动、气动、液动和混合式几大类。其中气动和液动控制仪表和装置发展最早，电动控制仪表与装置发展异常迅速，现已占绝对统治地位。

　　气动控制仪表的特点是：性能稳定，可靠性高，具有本质安全防爆性能，不受电磁场干扰，结构简单，维护方便。目前气动控制仪表所占领地虽然已十分狭小，但在一些大型装置的主体设备周围，仍采用基地式气动控制仪表对单一的工艺参数进行就地单回路调节。

　　随着生产过程自动化的发展，控制系统规模和复杂程度不断增加，尤其是随着微电子技术的发展，过去认为影响电动控制仪表广泛使用的防爆问题，现采用防爆结构、直流低电压、小电流的本质安全型防爆电路及防爆栅等措施，得到了很好的解决，使得电动控制仪表与装置的应用越来越广泛。

　　电动控制仪表与装置都采用电子技术，故称其为电子控制仪表与装置更为确切。它从原理上分又可分为两大类：模拟式控制仪表与装置和数字式控制仪表与装置。

　　模拟式控制仪表与装置按结构形式可分为基地式、单元组合式、组件组装式三大类。

　　① 基地式控制仪表的结构特点　以指示仪表及记录仪表为中心，附加一些线路或器件用以完成控制任务。基地式控制仪表一般结构比较简单，价格低廉，它不仅能够进行控制，同时还可指示、记录，因此适用于小型企业的单机自动控制系统。

　　② 单元组合式控制仪表的结构特点　根据自动检测与控制系统中各组成环节的不同功能和使用要求，将整套仪表划分为能独立实现一定功能的若干单元，各单元之间的联系采用统一标准信号。由这些少量的单元经过不同的组合，就可构成多种多样的、复杂程度不同的自动检测与控制系统。

　　③ 组件组装式控制装置的结构特点　它是在单元组合式仪表基础上发展起来的成套仪表装置，由于现代化的大型企业要求各种复杂的控制系统及集中的显示操作，组件组装式控制装置在结构上可分为控制框和显示操作盘两大部分。控制框内插入若干个组件箱，而若干块组件板又插入组件箱中。显示操作盘则只需占用很小的地方，也可用一台电子显示屏幕集中显示操作，从而大大改善了人机联系。在控制框中各个组件之间的信息联系，采用矩阵端子接线方式，接线工作都集中在矩阵端子接线箱内进行。

　　数字式控制仪表与装置是指以微处理器和微型计算机为核心，实现工业自动化的装置，可分为以下三大类。

① 连续生产过程的控制装置 连续生产过程的特征是以稳定运行为正常工况。即使设定值可能根据工艺要求而变化，其变化也是相当缓慢的，而且两次停车的时间间隔是很长的。连续生产过程自动化是生产过程自动化的重要部分，如温度、压力、液量液位及成分的连续量的闭环自动控制，在各个工业部门都随处可见。

② 断续生产过程的控制装置 断续生产过程的特点是生产过程周期短，由一个状态变化到另一个状态为快速过程。如机械零件加工，设备的装配、搬运、检验、包装、入库等都是典型的断续过程，它们是按照一定的时间顺序或逻辑条件一步一步对电气设备实现一系列通断控制，即实现的是逻辑控制、顺序控制和条件控制。

自 20 世纪 70 年代中期出现了以微处理机为核心的可编程控制器以来，发展十分迅速，现在已完全取代了继电器逻辑控制装置。

③ 批量生产过程的控制装置 批量生产过程的特征是在每个生产周期同时兼备连续和断续两种生产过程。在批量生产过程中，原料（或被加工件）或是一次投入或是分批投入，有时也依工艺条件连续投入，但成品或半成品都一定是分批生产出来的。这类生产过程要求典型的顺序控制或逻辑控制，工序间的转换是按时间条件或逻辑条件这两种条件的组合进行的，但在某一个或某几个工序中又有连续生产过程的特点，要求实现回路闭环控制，有的是一个或几个进行控制，有的则是进行时间程序给定控制。批量控制装置可由 PLC 中加入PID 等控制功能来实现。

实际上，一个典型的生产过程往往包括连续过程、断续过程和批量过程这三种过程。过去是用不同的装置分别实施控制，这不仅使得控制系统复杂化，并且将一些相关过程分隔开来，不能达到高效的要求。随着微电子技术、计算机技术、通信技术及控制技术的高速发展，各类控制装置都正向着相互渗透的方向发展。如原主要用于连续过程控制的分散控制系统 DCS，扩充了 PLC 功能和批量控制功能，而 PLC 也由单纯进行逻辑和顺序控制增加了回路控制功能和批量控制功能。

6.1.2 控制仪表与装置的发展

20 世纪 70 年代前，生产过程自动化所用的大多是模拟式控制仪表和装置。随着生产规模的扩大、生产水平的提高而形成的生产过程的强化，参数间相互关联性的增加，要求控制仪表与装置具有多样的、复杂的控制功能和更高的控制精度及可靠性，进而对大系统进行综合自动化，使企业管理与过程控制相结合，便于利用过程信息较快地做出有利于企业的决策，以适应变化发展的市场要求。显然，模拟式控制仪表与装置已不能满足这些要求，数字式控制仪表与装置正是适应这种要求而产生与发展起来的。

20 世纪 70 年代中期，PLC 在逻辑运算功能的基础上增加了数值计算、过程控制功能，运算速度提高，输入输出规模扩大，并开始与小型机相连，构成了以 PLC 为基础的初级分散控制系统 DCS，在冶金、轻工等行业中得到广泛的应用。

20 世纪 70 年代末期，PLC 向大规模、高性能等方向发展，形成了多种多样的系列产品，出现了结构紧凑、价格低廉的新一代产品和多种不同性能的分布网络系统，并开发出多种便于工程技术人员使用的编程语言，特别是适用于工艺人员使用的图形语言，大大方便了PLC 的使用。

20 世纪 80 年代中期，PLC 开始拓展其应用领域，主要用于要求电气控制与过程控制密切结合的场合及批量过程控制中。这就从根本上改变了过去电控由 PLC 承担而过程控制由 DCS 承担的状况，做到了电控和过程控制采用一套 PLC 系统统一控制。

控制仪表与装置涉及的面十分广泛，如 DCS、PLC、新型控制仪表、变送器及执行器等都有自己的发展轨迹，但它们的发展都围绕着实现工厂整体自动化这个总目标，即将自动控制装置用于生产流程的整个操作过程，从开机到停机的全程控制及将控制、生产计划安排和工厂全面管理有机地结合起来，实现工厂整体的自动化、综合化、最佳化。控制仪表与装置的发展趋势是逐步实现全数字式、开放式的 DCS 系统，扩展应用覆盖面，使人工智能、专家系统等在工业生产自动控制中获得广泛应用。

6.2　调　节　器

6.2.1　PID 调节规律

在定值自动调节系统中，由于扰动的作用，会使被调节参数偏离给定值，即被调节参数对给定值产生了偏差，偏差等于被调节参数与给定值之差。偏差信号作为输入量送入调节器，在调节器中进行一定规律的运算后，给出输出信号进行调节，以补充扰动的影响，使被调节参数回到给定值。经过多长时间，以什么样的途径回到给定值，即调节过程的品质如何，不仅与对象特性有关，也与调节器的特性有关。

近年来，虽然发展了许多类型的调节器，也出现了一些新型调节规律，但是最基本的，工业上用得最普遍的仍然是比例（P）、积分（I）及微分（D）三种调节规律。由这三种规律可以组合成比例调节器、比例积分（PI）调节器、比例微分（PD）调节器以及比例积分微分（PID）三作用调节器。因此，有必要对这几种调节规律在自动调节系统中的作用、调节器整定参数的意义及测定方法进行分析。

（1）比例调节器

比例调节器的输入与输出成正比，而输入是设定与反馈之差，偏差一出现，就能及时地产生与之成比例的调节作用。因此调节器构成系统时，则会产生静态偏差也称静差，它系指调节过程终止时，被调节参数测量值与给定值之差。

（2）比例积分调节器

积分作用的特点是：调节器输出与偏差存在的时间有关，只要偏差存在，输出就会随时间不断增长，直到偏差消除，调节器的输出才不再变化。因此，积分作用能消除静差，这是它重要的优点。但积分作用动作缓慢，在偏差刚出现时，调节器作用很弱不能及时克服扰动的影响，致使被调节参数的动态偏差增大，调节过程延长。因此，很少单独使用积分调节器，绝大多数都是将积分作用与比例作用合在一个调节器中形成比例积分调节器 PI。

（3）比例微分调节器

上述的 PI 调节器动作快，又能消除静差，是用得最多的调节器。但当对象有较大的惯性时，用 PI 调节器就不能得到很好的调节品质。由于对象惯性大（如温度对象），即使受到大的扰动，被调节参数开始时变化仍不大，偏差很小，相应的 PI 调节器的调节作用就很弱，但偏差却以一定的速度增大。因此，对于惯性较大的对象，PI 调节器就不能及时克服扰动的影响，以致造成大的动态偏差和长的调节时间。如在调节器中加入微分作用，在偏差值尚不大时，根据偏差变化的趋势，提前给出较大的调节动作，使过程的动态品质得到改善。但是，如微分作用过强，或对象惯性较小时，微分作用反而会使过程品质变坏，甚至使系统不能稳定工作。

微分作用的特点：输出只能反映偏差输入的变化速度，对于一个固定不变的偏差，不管它的数值多大，根本不会有微分作用输出，因此它不能克服静差。当偏差变化很慢，但经长时间积累达到相当大的数值时，微分作用也无能为力。所以在系统中不能使用单独的微分作用，它需要与比例作用配合构成比例微分调节器。

（4）比例微分积分调节器

同时具有比例、微分、积分作用的调节器称 PID 调节器。

从调节规律来讲，PID 调节器是模拟调节器中最完善的调节器，使它的积分时间为无穷大，即得到 PD 调节器；使它的微分预调时间为零，即成为 PI 调节器；同时使积分时间为无穷大，而预调时间为零，则成为 P 调节器。

6.2.2　数字式调节器

图 6-1 给出了由数字式调节器、检测仪表、执行器和生产过程组成的直接数字控制系统构成图。由图可见，在直接数字控制系统中，除生产过程及现场仪表外的部分即为数字式调节器，它由主机、过程通道、键盘及显示器等基本部分构成。当要求与操作站或上位机通信联络时，需配通信接口；当需打印记录信息时，需另配打印机接口。

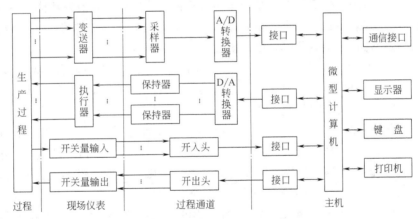

图 6-1　直接数字控制系统构成图

主机是整个数字式调节器的核心，由它存储程序和执行程序，以配合其他硬件组成和程序完成数字式调节器的预定功能。采用不同机型的主机，其总体结构、指令系统不同，将会影响数字式调节器的构成、功能和性能。

过程通道是数字式调节器的重要组成部分。输入通道用于将现场仪表检测到的被控参数变为主机能够识别和接收的信息，以便进行处理。输出通道用于将主机输出的信息变为现场执行器所需的信号形式。输入通道和输出通道又都包括模拟量通道和开关量通道两种类型。在数字式调节器中是以模拟量输入/输出通道为主。键盘、显示器也是数字式调节器的重要组成部分，它是一种简单的人机接口，通过键盘修改调节器参数和工作状态，显示器可让操作人员了解系统的工作状态。

数字式调节器的全部工作都是由微处理器执行程序完成的，数字式调节器的软件包括监控管理程序和应用程序两部分。

① 监控管理程序　这是一种较简单的系统软件，由它实现对输入输出通道、键盘、显

示器及通信等部件的管理以及对调节器各硬件部分和程序进行故障监测及处理等。

② 应用程序　根据调节器的应用功能所编的程序，如数据采集、数字滤波、标度变化、数据处理、控制算法、报警及输出等程序。在可编程调节器中，这些应用程序以模块形式给出，用户可用数字式调节器的编程语言将这些模块进行组态，构成用户所需系统。

6.2.3　可编程数字调节器

一般的数字式 PID 调节器由于内部装有微处理器，其各种丰富的功能均是在硬件电路的基础上，由执行程序而实现的，用户不需编制程序，操作人员如同使用模拟仪表一样，具有使用方便的优点。其缺点是功能比较局限，只有确定的有限功能，不能灵活组成复杂的控制系统。可编程数字调节器在其内部设计了概念全新的软件包，它将运算功能和控制功能等做成标准的功能软件包——模块，并预先存储在调节器的存储器中。为实现某一控制策略，用户不必更改装置的硬连接，也无需掌握微处理器的知识，只需掌握并运用一定规则，通过编程将这些功能模块进行自由组合，便可实现所需的控制系统。因此，可编程数字调节器具有充分的灵活性与良好的系统扩展性。

可编程数字调节器有如下特点。

① 以微处理器为核心，功能灵活，性价比高　可编程数字调节器具有多种控制和运算功能供选用。一台可编程数字调节器相当于多台模拟调节器和运算器的功能，不仅提高了性价比，而且削减了仪表台数，缩小了仪表盘面积。可编程数字调节器可独立构成控制系统，也可与上位机进行通信，构成分级控制系统。

② 系统组态功能强，操作直观、方便　可编程数字调节器内部存储器中有许多控制与运算软件包，使用者只要具有一般仪表及控制系统知识，不必掌握软件知识即可通过简单的系统组态方便选择这些功能软件包，并根据系统要实现的功能进行自由组合。

③ 可靠性高，维护性好　可编程数字调节器的显示部分采用等离子体、LED 显示器或液晶显示器，精度高，监视性能好。操作输出部件具有独立性，在微处理器发生故障时，也能观察 PV 值进行手工操作，使控制回路可靠运行。可编程数字调节器还具有自诊断功能，便于系统维护。

④ 容易进行系统的扩展　可编程数字调节器可以从单回路扩展到大规模系统，如果采用通信组件及通信控制器，可构成多级系统。

可编程数字调节器的结构按照其作用不同，可分为几大部分：显示操作面板、编程设定、I/O 接口与通信、后备硬手动操作组件。下面分别来说明各部分的组成及作用。

① 显示操作面板　以日本富士电机公司的 FC 系列 PMK 可编程数字调节器为例。PMK 在运行过程中供操作员使用的显示操作板设于正面板。它含有：三个指示器，分别指示测量值、给定值及操作输出；一个切换板，共有三个位置，分别为自动状态、手动状态及远程状态；七个按钮和七个指示灯，用来进行软手动操作及显示。

② 编程设定　可编程数字调节器中程序的编制、修改及对参数的设定可通过编程设定组件、手持编程器和 PC 编程终端三种方式进行。

③ I/O 接口与通信　可编程数字调节器通过 I/O 接口与过程信号相连接。I/O 接口一般设于可编程数字调节器的背面，分为螺钉端子和连接器两种类型。螺钉端子用于现场信号的连接，如模拟量的输入输出信号及电源的正负端。连接器主要用于可编程数字调节器与上位机或小型 CRT 的通信。

④ 后备硬手动操作组件　通常，可编程数字调节器设有硬手动操作组件，它的主要功能是将电流调节信号直接输出到与调节器相连的被控设备，用于实现硬手动操作及切换。

6.3　执　行　器

执行器在生产过程自动化中起着十分重要的作用。人们常把它称为实现生产过程自动化的"手足"。因为它在自动控制系统中接受调节器的控制信号，自动改变操作变量，达到对被调参数（如温度、压力、液位等）进行调节的目的，使生产过程按照预定要求正常进行。

执行器根据执行机构使用的工作能源不同可分为三大类：气动执行器、电动执行器、液动执行器。

气动执行器是以压缩空气为能源的执行器。它的主要特点是：结构简单，输出推力大，动作可靠，性能稳定，维护方便，本质安全防爆等。它不仅能与气动调节仪表配套使用，还可通过电-气转换器或电-气阀门定位器与电动调节仪表或工业控制计算机配套使用。因此，广泛用于化工、石油、冶金、电力等工业部门。在目前的实际应用中，气动执行器的使用数量约为90%。

电动执行器是以电为能源的执行器。它的主要特点是：能源取用方便，信号传输速度快，传送距离远，便于集中控制，停电时执行器保持原位不动，不影响主设备安全，灵敏度和精度较高，与电动调节仪表配合方便，安装接线简单。缺点是结构复杂，体积较大，推力小，价格贵，平均故障率高。适用于防爆要求不高及缺乏气源和使用数量不太多的场合。

液动执行器使用较少。

随着微电子技术和大规模集成电路以及超大规模集成电路的迅猛发展，微处理器引入到过程控制装置、变送器、调节阀等仪表装置中，使它们智能化、功能多样化，出现了智能执行器、智能调节阀等智能仪表产品。智能仪表不仅改变了传统的实现方式，成为硬件和软件的结合体，仪表的众多功能将由软件来实现，而且为工业仪表自动化及其系统应用向更高层次发展奠定了基础。

智能执行器是智能仪表中的一种。它有电动和气动两类，每类又有多个品种。一般智能执行器的基本功能是信号驱动和执行，内含调节阀输出特性补偿、PID控制和运算、阀门特性自检验和自诊断功能。由于智能执行器备有微机通信接口，它可与上位调节器、变送器、记录仪等智能化仪表一起联网，构成控制系统。

6.4　变　送　器

变送器是自动控制系统中的一个重要组成部分，在各种工业过程自动控制系统中，变送器对温度、压力、液位、流量、成分等物理量进行测量，并转换成统一的标准信号。

变送器无论是在过程控制系统中，还是在集散控制系统中，都占有独特的地位。变送器将各种物理量转换成统一的标准信号，信号标准其实是仪表之间的通信协议，几十年来一直在演变。信号标准的变化代表了过程控制仪表的发展进程，每一次变化对变送器都带来了新成果。目前带有 4～20mA 的 HART 协议已成为事实上的信号标准。今后相当一段时间内，变送器的设计、生产、使用将按此标准展开。同时，已经看到变送器最终将纳入现场总线标准，现场总线会彻底取代 4～20mA 模拟信号，它是一种完全数字化双向通信技术，目前国际上已出现了多种现场总线的变送器，因此从信号的演变看，带有微处理器的智能化现场变送器是发展的必然趋势。

　　随着工业技术的更新，特别是半导体技术、微电子技术的发展，使变送器制造技术出现了巨大的变化，由此使变送器不断升级换代。特别值得注意的是，智能传感器的普及又加速了智能变送器的发展。从以往观点看，传感器与变送器是两种不同功能的模块。传感器是借助于敏感元件，接受物理量形式的信息，并按一定规律将其转换成同种或另一种物理量形式信息的仪表。而变送器为输出标准信号的传感器。近几年来，采用微机械加工技术和微电子技术从传统的结构设计转向微机械加工工艺结构设计，使敏感元件与信号调理电路一体化，传感与变送功能合一，并出现了多参数变送器，这是今后智能变送器的又一发展趋势。

思考与讨论题

　　1. 试述控制仪表与装置的分类。
　　2. 试述调节器的种类及其工作原理。
　　3. 试述执行器的种类及其工作原理。
　　4. 试述变送器的种类及其工作原理。

第7章　典型的自动控制理论

7.1　神经控制系统

作为动态系统辨识、建模和控制的一种新的和令人感兴趣的工具，人工神经网络（artificial neural networks，ANN）在过去 10 年中得到大力研究并取得重要进展。涉及 ANN 的杂志和会议论文剧增，有关 ANN 和基于 ANN 控制的专著、教材、会议录和专辑相继出版。其中，一些专辑对推动这一思潮起到了重要作用。

本节将首先介绍人工神经网络的由来、特性、结构、模型和算法，然后分析神经控制的各种结构，最后提出一个神经控制的示例。

7.1.1　神经网络简介

这一节将简要介绍人工神经网络研究的起源和 ANN 的特性，并讨论 ANN 与控制的关系。

（一）人工神经网络研究的起源

人工神经网络研究的先锋，麦卡洛克和皮茨（Pitts）曾于 1943 年提出一种叫做"似脑机器"（mindlike machine）的思想，这种机器可由基于生物神经元特性的互联模型来制造，这就是神经学网络的概念。他们构造了一个表示大脑组分的神经元模型，对逻辑操作系统表现出通用性。随着对人脑认识的加深和计算机研究的进展，研究目标已从"似脑机器"变为"学习机器"，为此一直关心神经系统适应律的赫布（Hebb）提出了学习模型。罗森布拉特（Rosenblatt）命名了感知器，并设计一个引人注目的结构。到 20 世纪 60 年代初期，关于学习系统的专用设计指南有温德（Widrow）等提出的 Adaline（adaptive linear element，即自适应线性单元）以及斯坦布克（Steinbuch）等提出的学习矩阵。由于感知器的概念简单，因而在开始介绍时对它寄托很大希望。然而，不久之后的明思基（Minsky）和帕珀（Papert）从数学上证明了感知器不能实现复杂逻辑功能。

到了 20 世纪 70 年代，格罗斯伯格（Grossberg）和霍恩（Kohonen）对神经网络研究做出重要贡献。以生物学和心理学证据为基础，格罗斯伯格提出几种具有新颖特性的非线性动态系统结构。该系统的网络动力学由一阶微分方程建模，而网络结构由模式聚集算法的自组织神经实现。基于神经元组织自己来调整各种各样模式的思想，霍恩发展了他在自组织映射方面的研究工作。沃博斯（Werbos）在 70 年代开发了一种反向传播算法。霍普菲尔德（Hopfield）在神经元交互作用的基础上引入一种递归型神经网络，这种网络就是有名的 Hopfield 网络。在 80 年代中叶，作为一种前馈神经网络的学习算法，帕克（Parker）和鲁姆尔哈特（Rumelhart）等重新发现了反向传播算法。近年来，神经网络在从家用电器到工业对象的广泛领域找到了它的用武之地。

（二）用于控制的人工神经网络

人工神经网络的下列特性对控制是至关重要的。

① 并行分布处理　神经网络具有高度的并行结构和并行实现能力，因而能够有较好的

耐故障能力和较快的总处理能力，这特别适于实时控制和动态控制。

②非线性映射　神经网络具有固定的非线性特性，这源于其近似任意非线性映射（变换）能力，这一特性给非线性控制问题带来新的希望。

③通过训练进行学习　神经网络是通过所研究系统过去的数据记录进行训练的，一个经过适当训练的神经网络具有归纳全部数据的能力，因此，神经网络能够解决那些数学模型或描述规则难以处理的控制过程问题。

④适应与集成　神经网络能够适应在线运行，并能同时进行定量和定性操作，神经网络的强适应和信息融合能力使得网络过程可以同时输入大量不同的控制信息，解决输入信息间的互补和冗余问题，并实现信息集成和融合处理。这些特性特别适于复杂、大规模和多变量系统的控制。

⑤硬件实现　神经网络不仅能够通过软件而且可借助硬件实现并行处理。近年来，由一些超大规模集成电路实现的硬件已经问世，而且可从市场上购到。这使得神经网络成为具有快速和大规模处理能力的网络。

很显然，神经网络由于其学习和适应、自组织、函数逼近和大规模并行处理等能力，因而具有用于智能控制系统的潜力。

神经网络在模式识别、信号处理、系统辨识和优化等方面的应用，已有广泛研究。在控制领域，已经做出许多努力，把神经网络用于控制系统、处理控制系统的非线性和不确定性以及逼近系统的辨识函数等。

根据控制系统的结构，可把神经控制的应用研究分为几种主要方法，诸如监督式控制、逆控制、神经自适应控制和预测控制等。

7.1.2　人工神经网络的结构

神经网络的结构是由基本处理单元及其互联方法决定的。

（一）神经元及其特性

连接机制结构的基本处理单元与神经生理学类比往往称为神经元。每个构造起网络的神经元模型模拟一个生物神经元，如图 7-1 所示。该神经元单元由多个输入 x_i，$i=1,2,\cdots,n$ 和一个输出 y 组成。中间状态由输入信号的权和表示，则输出为

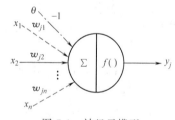

图 7-1　神经元模型

$$y_j(t) = f(\sum_{i=1}^{n} w_{ji} x_i - \theta_j) \tag{7-1}$$

式（7-1）中，θ_j 为神经单元的偏置；w_{ji} 为连接权系数（对于激发状态，w_{ji} 取正值；对于抑制状态，w_{ji} 取负值）；n 为输入信号数目；y_j 为神经元输出；t 为时间；$f(\quad)$ 为输出变换函数，有时叫激发或激励函数，往往采用 0 和 1 二值函数或 S 形函数，见图 7-2，这几种函数都是连续或非连续的。一种二值函数可由式（7-2）表示

$$f(x) = \begin{cases} 1, & x \geqslant x_0 \\ 0, & x < x_0 \end{cases} \tag{7-2}$$

如图 7-2(a) 所示。一种常规的 S 形函数见图 7-2(b)，可由下式表示

$$f(x) = \frac{1}{1 + e^{-\alpha x}}, \quad 0 < f(x) < 1 \tag{7-3}$$

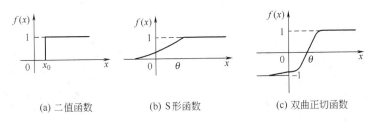

| (a) 二值函数 | (b) S形函数 | (c) 双曲正切函数 |

图 7-2　神经元中的某些变换（激发）函数

常用双曲正切函数［见图 7-2(c)］来取代常规 S 形函数，因为 S 形函数的输出均为正值，而双曲正切函数的输出值可为正或负。双曲正切函数如式(7-4) 所示

$$f(x) = \frac{1 - e^{-\alpha x}}{1 + e^{-\alpha x}}, \quad -1 < f(x) < 1 \tag{7-4}$$

（二）人工神经网络的基本类型

（1）人工神经网络的基本特性和结构

人脑内含有极其庞大的神经元（有人估计约为一千几百亿个），它们互联组成神经网络，并执行高级的问题求解智能活动。

人工神经网络由神经元模型构成；这种由许多神经元组成的信息处理网络具有并行分布的结构。每个神经元具有单一输出，并且能够与其他神经元连接，有许多（多重）输出连接方法，每种连接方法对应一个连接权系数。严格地说，人工神经网络是一种具有下列特性的有向图：

① 对于每个节点 i，存在一个状态变量 x_i；

② 从节点 j 至节点 i，存在一个连接权系数 w_{ij}；

③ 对于每个节点 i，存在一个值 θ_i；

④ 对于每个节点 i，定义一个变换函数 $f_i(x_i, w_{ji}, \theta_i)$，$i \neq j$ 对于最一般的情况，此函数取 $f_i(\sum_j w_{ij} x_j - \theta_i)$ 形式。

人工神经网络基本上分为两类：即递归网络和前馈网络，简介如下。

① 递归网络　在递归网络中，多个神经元互联以组织一个互联神经网，如图 7-3 所示。有些神经元的输出被反馈至同层或前层神经元。因此，信号能够从正向和反向流通。Hopfield 网络 Elmman 网络和 Jordan 网络是递归网络有代表性的例子。递归网络又叫做反馈网络。

图 7-3 中，V_i 表示节点的状态；x_i 为节点的输入（初始）值；x_i' 为收敛后的输出值，$i = 1, 2, \cdots, n$。

② 前馈网络　前馈网络具有递阶分层结构，有一些同层神经元间不存在互联的层级，从输入层至输出层的信号通过单向连接流通，神经元从一层连接至下一层，不存在同层神经元间的连接，如图 7-4 所示。图中，实线指明实际信号流通，而虚线表示反向传播。前馈网络的例子有多层感知器、学习矢量量化网络、小脑模型连接控制网络和数据处理方法网络等。

（2）人工神经网络的主要学习算法

神经网络主要通过两种学习方法进行训练，即指导式学习方法和非指导式学习方法。此外，还存在第三种学习算法，即强化学习算法，可把它看做有师学习的一种特例。

① 有师学习　有师学习算法能够根据期望的和实际的网络输出间的差来调整神经元间连接的强度或权。因此，有师学习需要有个老师或导师来提供期望或目标输出信号。有师学习算法的例子包括 δ 规则，广例 δ 规则或反向传播算法以及 LVQ 算法等。

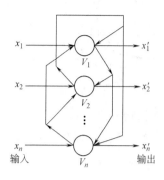

图 7-3　递归（反馈）网络

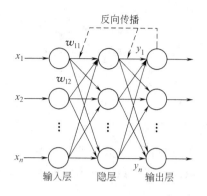

图 7-4　前馈（多层）网络

② 无师学习　无师学习算法不需要知道期望输出。在训练过程中，只要向神经网络提供输入模式，神经网络就能够自动地适应连接权，以便按相似特征把输入模式分组聚集。无师学习算法的例子包括 Kohonen 算法和 Carpenter-Grossberg 自适应谐振理论等。

③ 强化学习　如前所述，强化学习是有师学习的特例。它不需要老师给出目的输出。强化学习算法采用一个"用来评价与给定输入相对应的神经网络输出的优度"。强化学习算法的一个例子是遗传算法（GA）。

7.1.3　人工神经网络的典型模型

迄今为止，有 30 多种人工神经网络模型被开发和应用。下面是它们之中有代表性的一些模型。

① 自适应谐振理论（ART）　由格罗斯伯格提出，是一种可选参数对输入数据进行粗略分类的网络。ART-1 用于二值输入，而 ART-2 用于连续值输入。ART 的不足之处在于过分敏感，输入有小的变化时，输出变化很大。

② 双向联想存储器（BAM）　由科斯克开发的，是一种单状态联网，具有学习能力。BAM 的不足之处是存储密度较低，且易于振荡。

③ 博尔茨曼（Boltzmann）机（BM）　由欣顿等提出的，是建立在 Hopfiled 网基础上，具有学习能力。能够通过一个模拟退火过程寻求解答。不过，其训练时间比 BP 网络要长。

④ 反向传播（BP）网络　最初由沃博斯开发的反向传播训练算法是一种迭代梯度算法，用于求解前网络的实际传输与期望输出间的最小均方差值。BP 网是一种反向传递并能修正误差的多层映射网络。当参数适当时，此网络能够收敛到较小的均方差，是目前应用最广的网络之一。BP 网的短处是训练时间较长，且易陷于局部极小。

⑤ 对流传播网络（CPN）　由赫克特-尼尔森提出，是一个通常由 5 层组成的连接网。CPU 可用于联想存储，其缺点是要求较多的处理单元。

⑥ Hopfield 网球　由霍普菲尔德提出，是一类不具有学习能力的单层自联想网络。霍普菲尔德网模型由一组可使某个能量函数最小的微分方程组成。其缺点是计算代价较高，而且需要对称连接。

⑦ M-Adaline 算法　是 Adaline 算法的一种发展，是一组具有最小均方差线路网络的组合，能够调整权值使得期望信号与输出间的误差最小。此算法是自适应信号处理和自适应控制的得力工具，具有较强的学习能力，但输入/输出之间必须满足线性关系。

⑧ 认识器　由福岛提出，是至今为止结构上最为复杂的多层网络。通过无师学习，认知机具有选择能力，对样品的平移和旋转不敏感。不过，认知机所用节点及其连接较多，参数也多且较难选取。

⑨ 感知器　由罗森布拉特开发，是一组可训练的分类器，为最古老的 ANN 之一，现在很少使用。

⑩ 自组织映射网（SOM）　由霍恩提出的，是以神经元自行组织以校正各种具体模式的概念为基础的。SOM 能够形成簇与簇之间的连接映射，起到矢量量化器的作用。

7.2　模 糊 控 制

模糊逻辑在控制领域中的应用称为模糊控制。模糊控制的最大特征是：它能将操作者或专家的控制经验和知识表示成语言变量描述的控制规则，然后用这些去控制系统。因此，模糊控制特别适用于数学模型未知的、复杂的非线性系统的控制。从信息的观点来看，模糊控制是一类规则型的专家系统，从控制技术的观点来看，它是一类非线性控制器。本章着重介绍模糊控制系统的工作原理、模糊控制器设计、自调整模糊控制技术、神经网络实现的模糊控制和基于遗传算法优化的模糊控制等方面的内容。

7.2.1　传统控制系统的特点

传统的反馈控制系统由三部分组成：被控对象、产生作用于被控对象输入的控制器、测量被控对象输出的敏感元件，系统框图如图 7-5 所示。从图中可以看到，每一部分都有两个输入信号、一个输出信号，这些信号是来自外部的三个信号 r，d，n，叫做外部输入。

r——参加或指令输入；

v——敏感输出（反馈输出）；

u——控制信号，被控对象输入；

d——外部干扰；

y——被控对象输出和被测量信号；

n——测量噪声。

设系统各部分的输出是它们输入的和（或差）的线性函数，即

$$y = P(d+u)$$
$$v = F(y+n)$$
$$u = C(r-v)$$

式中，P，F 和 C 分别是被控对象、敏感元件和控制器的传递函数或状态方程。这几个方程对应的基本反馈回路方框图如图 7-6 所示。

由图 7-6 写出各求和点的方程

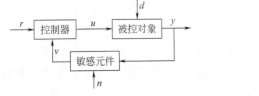

图 7-5　传统反馈系统

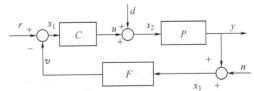

图 7-6　基本反馈回路

$$x_1 = r - Fx_3$$
$$x_2 = d + Cx_1$$
$$x_3 = n + Px_2$$

写成矩阵形式

$$\begin{bmatrix} 1 & 0 & F \\ -C & 1 & 0 \\ 0 & -P & 1 \end{bmatrix} \begin{bmatrix} x_1 \\ x_2 \\ x_3 \end{bmatrix} = \begin{bmatrix} r \\ d \\ n \end{bmatrix}$$

$$\begin{bmatrix} x_1 \\ x_2 \\ x_3 \end{bmatrix} = \begin{bmatrix} 1 & 0 & F \\ -C & 1 & 0 \\ 0 & -P & 1 \end{bmatrix}^{-1} \begin{bmatrix} r \\ d \\ n \end{bmatrix} = \frac{1}{1+PCF} \begin{bmatrix} 1 & -PF & -F \\ C & 1 & -CF \\ PC & P & 1 \end{bmatrix} \begin{bmatrix} r \\ d \\ n \end{bmatrix} \tag{7-5}$$

如果式(7-5)中的 9 个传递函数都是稳定的,且外部输入的幅值是有界的,则 x_1,x_2 和 x_3 以及 u,y 和 v 都是有界的,或称内稳定。系统的控制目标就是要通过控制输入 u,使输出 y 达到所要求的形式,或使 $r-y$ 尽量最小,因此,就必须首先通过机理建模方式或实验建模方式来建立被控对象的数学模型,然后依据控制目标和约束条件得到恰当的可以实现的控制器的结构和参数。比例-积分-微分是常用的一种控制器,在工业过程中其常用的形式是 $K_p + \dfrac{K_i}{S} + K_d S$,称为 PID 控制器。

这种控制用来解决线性定常系统的控制问题是十分有效的,现代控制理论在空间飞行方面也得到了成功的应用。但是在工业生产中,却有相当数量的过程难以实现自动控制,如有大滞后、非线性的复杂工业对象,那些难以获得精确数学模型或模型非常粗糙的工业系统等,都仍然以人工操作和人工控制为主,亦即非常熟练的操作人员,能凭借丰富的时间经验,用手工操作来控制一个复杂的生产过程。模糊控制就是这种模仿人的思维方式和人的控制经验来实现控制的一种控制方法。

7.2.2 模糊控制系统的工作原理

(一)概述

在实际生产过程中,人们发现,有经验的操作人员,虽然不懂被控对象或被控过程的数学模型,却能凭借经验采取相应的决策,很好地完成控制工作。例如,要用建立数学模型解数学方程的方法来控制倒立摆直立不倒是一件很困难的事情,但人们在用手控制竹竿直立不倒时,一边用眼观测,一边用手控制。若竹竿向前倾,则手向前运动;若竹竿向前倾一点,则手向前动一点;若竹竿突然向后倒,则手快速向后退。这里,人的经验可以用一系列具有模糊性的语言来表述,这就是模糊条件语句。再用模糊推理对系统的实时输入状态观测量进行处理,则可产生相应的控制决策,这就是模糊控制。

模糊控制能避开对象的数学模型(如状态方程或传递函数等),它力图对人们关于某个控制问题的成功与失败的经验进行加工,总结出知识,从中提炼出控制规则,用一系列多维模糊条件语句构造系统的模糊语言变量模型,应用 CRI 等各类模糊推理方法,可以得到适合控制要求的控制量,可以说模糊控制器是一种变量的控制器。

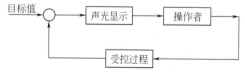

图 7-7 人-机控制示意图

图 7-7 是一个人工操作的控制系统示意图。

操作者首先通过传感器和仪表显示设备，知道系统的输出量及其变化的模糊信息，例如温度和温度变化的情况，然后根据已有的经验进行分析判断，得出相应的控制决策。一般来说，当人进行控制时，必须根据输入的偏差及偏差的变化率综合地进行权衡和判决。当偏差（输出量与目标值之差）为负时，偏差的变化率亦为负时，这时的控制量应选增大；当偏差仍为负，但偏差变化率为正，这时即使不改变控制量，偏差也将会减小。所以，操作者进行控制，所涉及的模糊概念基本上有三个：偏差 E（或 e）、偏差变化率 CE（或 $\dot{e}$）、人的控制量输出 U。因为人的控制动作，在正、负两个方向上基本上是对称的，所以在大多数情况下，可以设定人对正负偏差及其偏差变化率和正负控制量所确定的模糊概念是一致的。而且，由于人在日常习惯中，经常将相比较的同类事物分为三个等级。例如，比较温度的高低，可分为高、中、低；比较事物的大小，可分为大、中、小；比较速度的快慢，可分为快、中、慢等。故操作者对偏差及偏差变化率也可以用大、中、小三个等级的模糊概念来区分。例如，将偏差分为偏差大、偏差中、偏差小三等，将偏差变化率分为速率大、速率中、速率小三等，将控制量分为控制量大、控制量中、控制量小三等。

操作者在多受控过程进行控制时，测量或观测到的偏差值和偏差的变化速率是一些清晰的量，经过模糊化以后得到偏差、偏差变化率大、中、小的某个模糊量的概念。经过人的模糊决策后，得到决策的控制输出模糊量。当按照已定的模糊决策去执行具体的动作时，所执行的动作又必须以清晰的量表现出来。因此，图 7-7 的人-机控制过程可归结为：将偏差 e、偏差变化率 $\dot{e}$ 的清晰量经模糊化得到模糊量 E 和 CE，将模糊近似推理分析得到模糊控制量输出 U，然后经模糊决策判断，得到清晰值的控制量输出 u 去执行控制动作。这个过程是人们凭着经验本能地实现的。

由于一个模糊概念可以用一个模糊集合来表示，因此模糊概念的确定问题，就可以直接转化为模糊集隶属函数的求取问题。因此，对于一类缺乏精确数学模型的被控对象，可以用模糊集合的理论，总结人对系统的操作和控制的经验，用模糊条件语句写出控制规则，也能设计比较理想的控制系统。模糊控制系统的工作原理如图 7-8 所示。

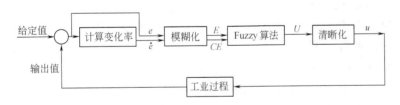

图 7-8　模糊控制系统原理示意图

（二）模糊控制原理

最基本的模糊控制结构如图 7-9 所示。图中 y_r 为系统设定值，y 为系统输出值，它们都是清晰量。从图可以看出，它和传统的控制系统结构没有多大区别，只是用模糊控制器替代传统的数字控制器。

从图 7-9 可以看出，模糊控制器的输入量是系统的偏差量 e，在计算机控制系统中它是数字量，是有确定数值的清晰量。通过模糊化处理，用模糊语言变量 E 来描述偏差，若以 $T(E)$ 记 E 的语言值集合，则有

$$T(E)=\{负大,负中,负小,零,正小,正中,正大\}$$

或用符号表示负大 NB（negative big），负中 NM（negative medium），负小 NS（negative

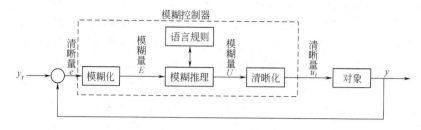

图 7-9 模糊控制系统

small)，零 ZE(zero)，正小 PS(positive small)，正中 PM(positive medium)，正大 PB
(positive big)，则

$$T(E) = \{NB, NM, NS, ZE, PS, PM, PB\}$$

语言规则模块是一个规则库。设 E 是输入，控制 U 为输出，规则形式为

规则 1：　IF E_1 THEN U_1，ELSE

规则 2：　IF E_2 THEN U_2，ELSE

…

规则 n：　IF E_n THEN U_n

每一条规则可以建立一个模糊关系 R_i，所以系统总的模糊关系 R 为

$$R = R_1 \cup R_2 \cup \cdots \cup R_n$$

若已知系统的输入 e_0 对应模糊变量 E^*，应用 CRI 合成推理法，可得到模糊输出变量 U^*，

$$U^* = E^* \times R$$

模糊推理输出 U^* 是一个模糊变量，在系统中要实施控制时，模糊量 U^* 还要转化为清晰值，因此要进行清晰处理，得到可操作的确定值 u_i，这就是模糊控制器的输出值，通过 u_i 调整控制作用，使偏差 e 尽量小。

一般说来，模糊控制器有三个主要的功能模块。

（1）模糊化 （fuzzification）

模糊化是将模糊控制器输入量的确定值转换为相应模糊语言变量值的过程，此相应语言变量值均由对应的隶属度来定义。

（2）模糊推理 （fuzzy inference）

模糊推理包括三个组成部分：大前提、小前提和结论。大前提是多个多维模糊条件语句，构成规则库；小前提是一个模糊判断句，又称事实。以已知的规则库和输入变量为依据，基于模糊变换推出新的模糊命题作为结论的过程叫做模糊推理。

（3）清晰化 （defuzzification）

清晰化是将模糊推理后得到模糊集转换为用作控制的数字值的过程。

与传统的控制相比，模糊控制有以下特点。

① 用于不易获得精确数学模型的被控对象，其结构参数不很清楚或难以求得，只要求掌握操作人员或领域专家的经验或知识。

② 模糊控制是一种语言变量控制器，其控制规则只用语言变量的形式定性的表达，构成了被控对象的模糊模型。在经典控制中，系统模型是用传递函数来描述。在现代控制领域中，则用状态方程来描述。

③ 系统的适应性强，尤其适用于非线性、时变、滞后系统的控制。

7.2.3 模糊控制的系统结构

模糊控制是一种仿人思维的智能控制技术。图 7-9 所示的模糊控制系统，是一种最基本的模糊控制方式，又称为直接模糊控制方式。在实际应用中，人们为了更好地发挥模糊控制的作用或者改变模糊控制的功能，提出了多种改进的模糊控制器，如：

① PID 模糊控制器；

② 变结构模糊控制器；

③ 复合型模糊控制器；

④ 自校正模糊控制器；

⑤ 神经网络自学习模糊控制器；

⑥ 遗传算法寻优模糊控制器。

7.3 专 家 控 制

专家控制（expert control）是智能控制的一个重要分支，又称专家智能控制。所谓专家控制，是把专家系统的理论和技术同控制理论、方法与技术相组合，在未知环境下，仿效专家的智能，实现对系统的控制。基于专家控制的原理所设计的系统或控制器，分别称为专家控制系统或专家控制器。

本节首先介绍专家系统的基本概念，然后阐述专家控制系统、模糊专家系统的基本结构、基本原理，以及可用于专家系统开发的逻辑程序设计语言 PROLOG。

7.3.1 专家系统概念

（一）什么是专家系统

从实质上讲，专家系统是一类包含着知识和推理的智能计算机程序，其内部含有大量的某个领域专家水平的知识和经验，能够利用人类专家的知识和解决问题的方法来处理该领域的问题。

现在习惯于把每一个利用了大量领域知识的大而复杂的人工智能系统都称为专家系统。自 1986 年 Feigenbaum 等研制成功第一个专家系统 DENDRL 以来，专家系统技术已经获得了迅速发展，并广泛地应用于医疗诊断、语音识别、图像处理、金融决策、地质勘探、石油化工、数学、军事、计算机设计等领域。由知识工程师从人类专家那里抽取他们求解问题的过程、策略和经验规则，然后把这些知识建造在专家系统之中，人们把建造一个专家系统的过程称为"知识工程"。

专家系统可以解决的问题一般包括解释、预测、诊断、设计、规划、监视、修理、指导和控制等。发展专家系统的关键是表达和运用专家知识，即来自人类的并已被证明对解决有关领域内的典型问题是有用的事实和过程。专家系统和传统的计算机"应用程序"最本质的不同之处在于，专家系统所要解决的问题一般没有算法解，并且经常要在不完全、不精确或不确定的信息基础上做出结论。

随着人工智能整体水平的提高，专家系统也在发展。第一代专家系统（1972～1981 年）只利用人类专家的启发知识，即只利用浅层表达方式推理方法。浅层知识一般表示成产生式规则的形式，即如果〈前提〉，那么〈结论〉。这种形式浅层知识之所以具有启发性，是因为它从观测到的数据（前提）联想到中间事实或最终结论，这种逻辑推理过程短、效率高。但事实证明，只靠经验知识是不够的，当人类遇到新问题时，没有直接经验，谈不上运用基于各方面的基本模型等深层知识得出新的启发式浅层知识。仅局限于熟练技能而不具备深层知识的人，不能称其为人类专家。因此，旨在模拟人类专家的智能程序（专家系统）应当兼备浅层和深层两类知识。这种不但采用基于规则的方法，而且采用基于模型的原理的专家系统构成了新一代的专家系统。

（二）专家系统的基本组成

不同的专家系统，其功能与结构都不尽相同。通常，一个以规则为基础、以问题求解为中心的专家系统，可用如图 7-10 所示的系统框图来描述。

从图 7-10 可知，专家系统由知识库（knowledge base）、推理机（inference engine）、综合数据库（global database）、解释接口（explanation interface）和知识获取（knowledge acquisition）五部分组成。

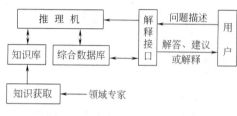

图 7-10　专家系统的基本组成

专家系统中的知识的组织方式是，把问题领域的知识和系统的其他知识分离开来，后者是关于如何解决问题的一般知识或如何与用户打交道的知识。领域知识的集合称为知识库，而通用的问题求解知识称为推理机。按照这种方式组织知识的程序称为基于知识的系统，专家系统是基于知识的系统。知识库和推理机是专家系统中两个主要的组成要素。下面把专家系统的主要组成部分进行归纳。

（1）知识库

知识库是知识的存储器，用于存储领域专家的经验性知识以及有关的事实、一般常识等。

知识库中的知识来源于知识获取机构，同时它又为推理机提供求解问题所需的知识。

（2）推理机

推理机是专家系统的"思维"机构，实际上求解问题的计算机软件系统。其主要功能是协调、控制系统，决定如何选用知识库中的有关知识，对用户提供的证据进行推理，求得问题的解答或证明某个结论的正确性。

推理机的运行可以有不同的控制策略。从原始数据和已知条件推断出结论的方法称为正向推理或数据驱动策略；先提出结论或假设，然后寻找支持这个结论或假设的条件或证据，若成功则结论成立、推理成功，这种方法称为反向推理或目标驱动策略；若运用正向推理帮助系统提出假设，然后运用反向推理寻找支持该假设的证据，这种方法称为双向推理。

（3）综合数据库（全局数据库）

综合数据库又称为"黑板"或"数据库"。它是用于存放推理的初始证据、中间结果以及最终结果等的工作存储器（working memory）。综合数据库的内容是在不断变化的。在求解问题的初始，它存放的是用户提供的初始证据。在推理过程中，它存放每一步推理所得的结果。推理机根据数据库的内容从知识库中选择合适的知识进行推理，然后又把推理结果存入数据库中，同时又可记录推理过程中的有关信息，为解释接口提供回答用户咨询的依据。

（4）解释接口

解释接口又称人机界面，它把用户输入的信息转换成系统内规范化的表示形式，然后交给相应模块去处理，把系统输出的信息转换成用户易于理解的外部表示形式显示给用户，回答用户提出的"为什么?""结论是如何得出的?"等问题。另外,能对自己的行为做出解释,可以帮助系统建造者发现知识库及推理机中的错误,有助于对系统的调试。这是专家系统区别于一般程序的重要特征之一。

(5) 知识获取

知识获取是指通过人工方法或机器学习的方法,将某个领域内的事实性知识和领域专家所特有的经验性知识转化为计算机程序的过程。早期的专家系统完全依靠领域专家和知识工程师共同合作,把领域内的知识总结归纳出来,规范化送入知识库。对知识库的修改和扩充也是在系统的调试和验证中进行的,是一件很困难的工作。知识获取被认为是专家系统中的一个"瓶颈"问题。

目前,一些专家系统已经具有了自动知识获取的功能。自动知识获取包括两个方面:一是外部知识的获取,通过向专家提问,以接受教导的方式接收专家的知识,然后把它转达换成内部表示形式存入知识库;二是内部知识获取,即系统在运行中不断从错误和失败中归纳总结经验,并修改和扩充知识库。

(三) 专家系统的特征及类型

(1) 专家系统的基本特征

专家系统是基于知识工程的系统,有如下一些基本特征。

① 具有专家水平的专门知识　人类专家之所以能称专家,是由于他掌握了某一领域的专门知识,使其在处理问题时比别人技高一筹。一个专家系统为了能像人类专家那样工作,必需具有专家的技能和高度的技巧以及足够的适应性。系统的适应性是指不管数据是正确还是病态或不是正确的,它都能够正确地处理,或者得到正确的结论,或者指出错误。

② 能进行有效的推理　专家系统具有启发性,能够运用人类专家的经验和知识进行启发式搜索、试探性推理、不精确推理或不完全推理。

③ 专家系统的透明性和灵活性　透明性是指它在求解问题时,不仅能得到正确的解答,还能知道给出该解答的依据;灵活性表现在绝大多数专家系统中都采用了知识库与推理机相分离的构造原则,彼此运行时,推理机可根据具体问题的不同特点选取不同的知识来构成求解序列,具有较强的适应性。

④ 具有一定的复杂性与难度　人类的知识,特别是经验性知识,大多是不精确、不完全或模糊的,这就为知识的表示和利用带来了一定的困难。另外,专家系统所求解的问题都是结构不良且难度较大的问题,不存在确定的求解方法和求解路径,这就从客观上造成了建造专家系统的困难性和复杂性。

(2) 专家系统的类型

专家系统的类型很多,包括演绎型、经验型、工程型、工具型和咨询型等。按照专家系统所求解问题的性质,可把它分为下列几种类型。

① 诊断型专家系统　这是根据对症状的观察与分析,推出故障的原因及排除故障方案的一类系统。其应用领域包括医疗、电子、机械、农业、经济等,如诊断细菌感染并提供治疗方案的 MYCIN 专家系统,IBM 公司的计算机故障论断系统 DART/DASD。

② 解释型专家系统　根据表层信息解释深层结构或内部可能情况的一类专家系统,如卫星云图分析、地质结构及化学结构分析等。

③ 预测型专家系统　根据过去和现在观测到的数据预测未来情况的系统。其应用领域有气象预报、人口预测、农业产量估计、水文、经济、军事形势的预测等,如台风路径预报

专家系统 TYT。

④ 设计型专家系统　这是按给定的要求进行产品设计的一类专家系统，它广泛地应用于线路设计、机械产品设计及建筑设计等领域。

⑤ 决策型专家系统　这是对各种可能的决策方案进行综合评判和选优的一类专家系统，它包括各种领域的智能决策及咨询。

⑥ 规划型专家系统　这是用于制订行动规划的一类专家系统，可用于自动程序设计、机器人规划、交通运输调度、军事计划制订及农作物施肥方案规划等。

⑦ 控制专家系统　控制专家系统的任务是自适应地管理一个受控对象或客体的全部行为，使之满足预定要求。

控制专家系统的特点是，能够解释当前情况，预测未来发生的情况、可能发生的问题及其原因，不断修正计划并控制计划的执行。所以说，控制专家系统具有解释、预测、诊断、规划和执行等多种功能。

⑧ 数学模型专家系统　这是能进行辅助教学的一类系统。它不仅能传授知识，而且还能对学生进行教学辅导，具有调试和诊断功能，如多媒体技术，其具有良好的人-机界面。

⑨ 监视型专家系统　这是用于对某些行为进行监视并在必要时进行干预的专家系统，例如当情况异常时发生警报，可用于核电站的安全监视、机场监视、森林监视、疾病监视、防空监视等。

7.3.2　专家控制系统

（一）专家控制系统的特点

我们知道，传统的控制系统的设计和分析是建立在精确的系统的数学模型基础上的，而实际系统由于存在复杂性、时变性、不确定性或不完全性等非线性，一般难以获得精确的数学模型。过去在研究这些系统时，必须提出并遵循一些比较苛刻的假设条件，而这些假设在应用中又往往与实际不相符合。为了提高控制性能，传统控制系统可能变得很复杂，不仅增加设备投资，而且会降低系统的可靠性。因此，自动控制的出路就在于实现控制系统的智能化，或者采用传统的和智能的混合控制方式。

专家系统是一种基于知识的系统，是对人类特有的思维方式的一种模拟。它主要面临的是各种非结构化问题，尤其是处理定性的、启发式的或不确定的知识信息，经过各种推理过程达到系统的任务目标。专家系统的技术特点为解决传统控制理论的局限性提供了重要的启示。将专家系统的理论和技术同控制理论方法与技术相结合，在未知环境下，仿效专家的智能，实现对系统的控制。

根据专家系统技术在控制系统中应用的复杂程度，可以分为专家控制系统和专家式控制器两种主要形式。专家控制系统具有全面的专家系统结构、完善的知识处理功能和实时控制的可靠性能。这种系统采用黑板等结构，知识库庞大，推理机复杂。它包括有知识获取子系统和学习子系统，人-机接口要求较高。专家式控制器，多为工业专家控制器，是专家控制系统的简化形式，针对具体的控制对象或过程，着重于启发式控制知识的开发，具有实时算法和逻辑功能。设计较小的知识库、简单的推理机制，可以省去复杂的人-机接口。由于其结构较为简单，又能满足工业过程控制的要求，因而应用日益广泛。

专家控制虽然引用了专家系统的思想和方法，但它与一般的专家系统还有重要的差别。

① 通常的专家系统只完成专门领域问题的咨询功能，它的推理结果一般用于辅助用户

的决策；而专家控制则要求能对控制动作进行独立的、自动的决策，它的功能一定要具有连续的可靠性和较强的抗扰性。

② 通常的专家系统一般处于离线工作方式，而专家控制则要在线地获取动态反馈信息，因而是一种动态系统，它具有使用的灵活性、实时性，即能联机完成控制。

（二）专家控制系统的工作原理

目前，专家控制系统还没有统一的体系结构。图 7-11 是一个专家控制系统的典型结构图。

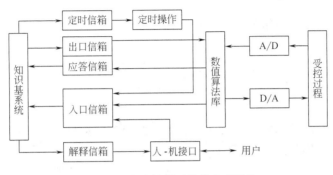

图 7-11　专家控制系统的典型结构

（1）专家控制系统的工作原理

从图 7-11 可知，专家控制系统有知识基系统、数值算法库和人-机接口三个并发运行的子过程。三个运行子过程之间的通信是通过五个信箱进行的，这五个信箱即出口信箱（out box）、入口信箱（in box）、应答信箱（answer box）、解释信箱（result box）和定时信箱（timer box）。

系统的控制器由位于下层的数值算法库和位于上层的知识基子系统两大部分组成。数值算法库包含的是定量解析知识，进行数值计算，快速、精确，由控制、辨识和监控三类算法组成，按常规编程直接作用于受控过程，拥有最高的优化权。

控制算法根据来自知识基系统的配置命令和测量信号计算控制信号，例如 PID 算法、极点配置算法、最小方差算法、离散滤波器算法等，每次运行一种控制算法。

辨识算法和监控算法在某种意义上是从数值信号流中抽取特征信息，可以看做是滤波器或特征抽取器，仅当系统运行状况发生某种变化时，才往知识基系统中发送信息。在稳定运行期间，知识基系统是闲置的，整个系统按传统控制方式运行。

知识基子系统位于系统上层，对数值算法进行决策、协调和组织，包括有定性的启发式知识，进行符号推理，按专家系统的设计规范编码，通过数值算法库与受控过程间接相连，连接的信箱中有读或写信息的队列。内部过程的通信功能如下。

① 出口信箱　将控制配置命令、控制算法的参数变更值以及信息发送请求从知识基系统送往数值算法部分。

② 入口信箱　将算法执行结果、检测预报信号、对于信息发送请求的答案、用户命令以及定时中断信号分别从数值算法库、人-机接口及定时操作部分送往知识基系统。这些信息具有优化级说明，并形成先入先出的队列。在知识基系统内部另一个信箱，进入的信息按照优先级排序插入待处理信息，以便尽快处理最主要的问题。

③ 应答信箱　传递数值算法对知识基系统的信息发送请求的通信应答信号。

④ 解释信箱　传送知识基系统发出的人-机通信结果，包括用户对知识库的编辑、查询、算法执行原因、推理结果、推理过程跟踪等系统运行情况的解释。

⑤ 定时信箱　用于发送知识基子系统内部推理过程需要的定时等信号，供定时操作部分处理。

人-机接口子过程传播两类命令：一类是面向数值算法库的命令，如改变参数或改变操作方式；另一类是指挥知识基系统去做什么的命令，如跟踪、添加、清除或在线编辑规则等。

（2）知识基系统的内部组织和推理机制

① 指控的知识表示　专家控制把系统视为基于知识的系统，系统包括的知识信息可以表示如下。

按照专家系统的结构，有关控制知识可以分类组织，形成数据库和规则库，从而构成专家控制系统中的知识源组合。

数据库包括：

• 事实——已知的静态数据。例如传感器测量误差、运行阈值、报警阈值、操作序列的约束条件、受控过程的单元组态等。

• 证据——测量到的动态数据。例如传感器的输出值、仪器仪表的测试结果等。证据的类型是各异的，常常带有噪声、延迟，也可能是不完整的，甚至相互之间有冲突。

• 假设——由事实和证据推导得到的中间结果，作为当前事实集合的补充。例如通过各种参数估计算法推得的状态估计等。

• 目标——系统的性能指标。例如对稳定性的要求，对静态工作点的寻优，对先有控制规律是否需要改进的判断等。目标既可以是预定的，也可以是根据外部命令或内部运行状况在线动态建立的，各种目标实际上形成了一个大的阵列。

上述控制知识的数据结构通常用框架形式表示。

规则库一般用产生式规则表示，即

IF（控制局势）THEN（操作结论）

其中，控制局势即为事实、证据、假设和目标等各种数据项表示的前提条件，而操作结论即为定性的推理结果，它可以是对原有控制局势知识条目的更新，还可以是某种控制、估计算法的激活。

② 知识基系统的黑板法模型　知识基系统的结构如图 7-12 所示，它由一组知识源、黑板机构和调度器三部分组成。整个知识基系统采用黑板法模型进行问题求解。黑板是一切知识源可以访问的公用数据结构。

黑板法（blackboard approach），首先是在 HEARSAY-Ⅱ语音理解系统中发展起来的，是一种高度结构化的问题求解模型，用于适时问题求解，即在最适当的时机运用知识进行推理。它的特点是能够决定什么时候使用知识、怎样使用知识。另外还规定了领域知识的组织方法，其中包括知识源（KS）这种知识模型，以及数据库的层次结构等。

在图 7-12 中，知识源是与控制问题子任务有关的一些独立知识模块，可以把它们看做是不同子任务问题领域的小专家。每一个知识源有比较完整的知识库结构，包括：

• 推理规则——采用"IF-THEN"产生式规则，条件部分是全局数据库（黑板）或是局部数据库中的状态描述，动作或结论部分是对黑板信息或局部数据库内容的修改或添加。

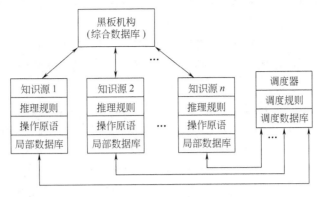

图 7-12　知识基系统

• 局部数据库——存放与子任务相关的中间结果，用框图表示，其中各槽的值即为这些中间结果。

• 操作原语——一类是对全局或局部数据库内容的增添、删除和修改操作，另一类是对本知识源或其他知识源的控制操作，包括激活、中止和固定时间间隔等待或条件等待。

• 黑板机构——存放记录，包括事实、证据、假设和目标所说明的静态、动态数据。这些数据分别为不同的知识源所关注。通过知识源的访问，整个数据库起到在各个知识源之间传递信息的作用。通过知识源的推理，数据信息得到增删、修改、更新。

调度器的作用是根据黑板的变化激活适当的知识源，并形成多种不同的调度策略。

激活知识源可以采用串行或并行激活的方式，从而形成多种不同的调度策略。

串行激活又分成相继触发、预定顺序和动态生成顺序三种方式，分述如下：

• 相继触发——一个激活知识源的操作结果作为另一个知识源的触发条件，自然激发，此起彼伏。

• 预定顺序——按控制过程的某种原理，预先编一个知识源序列，依次触发。例如初始调节，在检测到不同的报警状态时，系统返回到稳态控制方式等情况。

• 动态生成顺序——对知识源的激活顺序进行在线规划。每个知识源都可以附上一个目标状态和初始状态，激活一个知识源即为系统状态的一个转移，通过逐步比较系统的期望状态与知识源的目标状态，以及系统的当前状态与知识源的初始状态，就可以规划出状态转移的序列，即动态生成了知识源的激活序列。

并行激活方式是指同时激活一个以上的知识源方式。例如系统处于稳态控制方式时，一个知识源负责实际控制算法的执行，而另一些知识源同时实现多方面的监控作用。

调度器的结构类似于一个知识源，其中包括一个调度数据库，用框架形式记录着各个知识源的激活状态的信息，以及某些知识源等待激活的条件信息。调度器内部的规则库包括了体现各种调度策略的产生式规则序列

“IF a KS is ready and no other KS is running THEN run this KS”

整个调度器的工作所需的时间信息，如知识源等待激活、彼此中断等，是由定时操作部分提供的。

③ 控制的推理模型　专家控制中的问题求解机制可以表示为如下的推理模型

$$U = f(E, K, I) \tag{7-6}$$

式中　$U = (u_1, u_2, \cdots, u_m)$，为控制的输出作用集；$E = (e_1, e_2, \cdots, e_n)$，为控制器的输

入集；$K=(k_1,k_2,\cdots,k_p)$，为系统的数据项集；$I=(i_1,i_2,\cdots,i_n)$，为具体推理机构的输出集；f 为一种智能算子。它可以一般地表示为

$$\text{IF } E \text{ and } K \text{ THEN } \quad (\text{IF } I \text{ THEN } U) \tag{7-7}$$

即根据输入信息 E 和系统中的知识信息 K 进行推理，然后根据推理结果 I 确定相应的控制行为 U。

在此，智能算子 f 的含义用了产生式的形式，这是因为产生式结构的推理机能能模拟任何一般的问题求解过程。实际上，f 算子也可以基于知识表示形式来实现相应的推理方法，如语义网络、谓词逻辑等。

专家控制推理机制的控制策略一般仅仅用到正向推理是不够的。当一个结论不能自动得到推导时，就需要使用反向推理的方式，去调用前链控制的产生式规则知识源或者过程式知识源验证这一结论。

（三）专家控制器

专家控制器通常由知识库（KB）、控制规则集（CRS）、推理机（IE）和特征识别与信息处理（FR&IP）四部分组成。图 7-13 给出了一种工业专家控制器的框图。

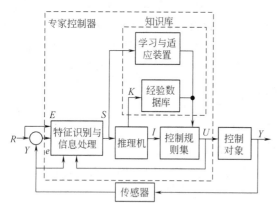

图 7-13　专家控制器的一种结构

知识库用于存放工业过程控制的领域知识，由经验数据库（DB）和学习与适应装置（LA）组成。经验数据库主要存储经验和事实集；学习与适应装置的功能是根据在线获取的信息，补充或修改知识库内容，改进系统性能，以提高问题求解能力。事实集主要包括控制对象的有关知识，如结构、类型、特征等，还包括控制规则的自适应及参数自调整方面的规则。经验数据包括控制对象的参数变化范围，控制参数的调整范围及其限幅值，传感器的静态、动态特征参数及阈值，控制系统的性能指标或有关的经验公式等。

建立知识库的主要问题是如何表达已获得的知识。专家控制器的知识库用产生式规则来建立，这种表达方式有较高的灵活性，每条产生式规则都可独立地增删、修改，使知识库的内容便于更新。

控制规则集是对被控对象的各种控制模式和经验的归纳和总结。由于规则条数不多，搜索空间很小，推理机构就十分简单，采用正向推理方法逐次判别各种规则的条件，满足则执行，否则继续搜索。

特征识别与信息处理模块的作用是实现对信息的提取与加工，为控制决策和学习适应提供依据。它主要抽取动态过程的特征信息，识别系统的特征状态，并对特征信息做必要的加工。

专家控制器的模型可表示为

$$U = f(E, K, I) \tag{7-8}$$

式中，U 为专家控制器的输出集；$E=(R,e,Y,U)$ 为专家的输入集；I 为推理机构输出集；K 为经验知识集；智能算子 f 为几个算子的复合运算，即

$$f = g \times h \times p \tag{7-9}$$

其中

$$g：E \longrightarrow S$$
$$h：S \times K \longrightarrow I$$
$$p：I \longrightarrow U$$

式中，S 为特征信息输出集；g，h，p 均为智能算子，其形式为

$$\text{IF} \quad A \quad \text{THEN} \quad B \tag{7-10}$$

式中，A 为前提或条件；B 为结论。A 与 B 之间的关系可以是解析表达式、模糊关系、因果关系和经验规则等多种形式。B 还可以是一个子规则集。

7.4 分级递阶智能控制

大型复杂系统通常是指这样一些系统：系统阶次高，其子系统相互关联，系统的评价目标多且目标间又有可能相互冲突等。对于复杂系统，往往采用分级递阶智能控制的形式。分级递阶智能控制（hierarchically intelligent control）是在研究早期学习控制系统的基础上，并从工程控制论的角度总结人工智能与自适应、自学习和自组织控制的关系之后而逐渐形成的，也是智能控制的最早理论之一。本节简要介绍有关大系统分级递阶智能控制的基本结构及原理。

7.4.1 递阶控制的一般原理

（一）大系统递阶结构的描述

递阶控制系统是指系统各个子系统的控制作用是由按照一定优先级和从属关系安排的决策单元实现的。同级的各决策单元可以同时平行工作并对下级施加作用，它们又要受到上级的干扰，子系统可通过上级互相交换信息。

图 7-14 是一种多层描述的结构图，这种描述是按系统中决策的复杂性来分级的，这是一种含有不确定因素的复杂系统。按智能功能可以分为四个层次：直接控制层、最优化层（确定控制器的设定值）、自适应层（关于模型和控制规律自适应）及组织层（自动选择模型结构与控制，以适应环境的改变）。

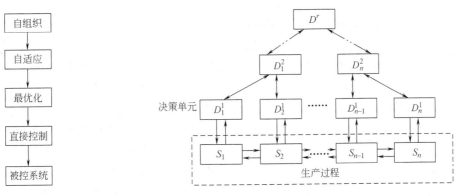

图 7-14 多层控制结构   图 7-15 多级多目标结构

当系统由若干个可分的相互关联的子系统组成时，可按所有决策单元按一定支配关系递阶排列，同一级各单元要受上一级的干预，同时又对下一级决策单元施加影响。同一级决策单元如有相互冲突的决策目标，由上一级决策单元加以协调，这是一种多级多目标的结构，如图 7-15 所示。多级多目标决策单元在不同级间递阶排列，形成了金字塔式结构，同级之

间不交换信息，上下级间交换信息，上一级负责协调一级之间的目标冲突，协调的总目标是使全局达到优化或近似优化。

可以看出，所谓多层描述，实际是对一个复杂系统的决策问题纵向分解，按任务复杂程度分成若干个子系统决策层，如图 7-15 中分成 r 层。而多级描述则考虑到各子系统的关联，将决策问题进行横向分解，如图 7-15 中分成 n 级。

（二）递阶控制的一般原理

递阶控制的基本原理是把一个总体问题 P 分解成有限数量的子问题 P_i。总体问题 P 的目标应使复杂系统的总体准则取得极值。设 P_i 是对子问题求解时，不考虑各子问题之间存在关联时的解，则有

$$[P_1, P_2, \cdots, P_n] \text{的解} = > P \text{ 的解} \tag{7-11}$$

实际上，各子系统（子问题）间存在关联，因而产生冲突（称为耦合作用），所以必须引进一个干预向量或协调参数，用以解决由于关联而产生的冲突。用 $P_i(\lambda)$ 代替 P_i，可得

$$[P_1(\lambda), P_2(\lambda), \cdots, P_n(\lambda)]_{\lambda \longrightarrow \lambda^*} \text{的解} = > P \text{ 的解} \tag{7-12}$$

递阶控制中的协调问题就是要选择 λ，从某个初值 λ_0 经过迭代达到终值 λ^*，从而使递阶控制达到最优。

协调有多种方法，但多数都基于下述两个基本原则。

（1）关联预测协调原则

协调器要预测各子系统的关联输入输出变量，下层的各决策单元根据预测的关联变量求解各自的决策问题，然后把达到的性能指标值送给协调器，协调器再修正关联预测值，直到总体目标达到最优为止。这种协调模式称为直接干预模式。这种协调方法可在线应用，是一种可行方法。

（2）关联平衡协调原则

关联平衡协调原则又称目标协调法。下层的各决策层单元在求解各自的优化问题时，把关联变量当作独立变量来处理，即不考虑关联的约束条件，而依靠协调的干预信号来修正各决策单元的优化指标，以保证最后关联约束得以满足，这时目标函数中修正的值应趋于零。

7.4.2 分级递阶智能控制

（一）分级递阶智能控制系统的结构

1977 年，G. N. Saridis 提出了一种分层递阶智能控制系统理论，它将计算机的高层决策、系统理论中的先进数学建模和综合方法以及处理不精确和不完全信息的语言学方法结合在一起，形成了一种适合工程需要的统一方法。分层递阶智能控制系统的结构如图 7-16 所示，它由组织级、协调级和执行级三个层次组成，并按照自上而下"精度递增伴随智能递减"的原则进行设计。

组织级的作用主要是模仿人的行为功能，是智能控制系统的最高智能级。其功能为推理、规划、决策和长期记忆信息的交换，以及通过外界环境信息和下级反馈信息进行学习等，其框图如图 7-17 所示。协调级是组织级和执行级之间的接口，其功能为根据组织级提供的指令信息进行任务协调。

执行级是系统的最低一级。本级由多个硬件控制器组成，要求有很高的精度，其理论方法为传统的控制理论。

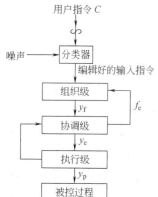

图 7-16 典型分层递阶结构

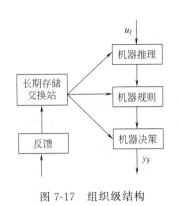

图 7-17 组织级结构

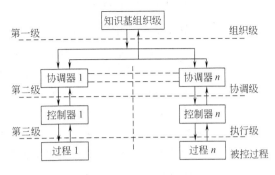

图 7-18 递阶智能控制系统

分级（即多级）递阶智能控制系统的结构如图 7-18 所示。

（二）分级递阶智能控制原理

分级递阶智能控制的智能主要体现在高层次上。在高层次上遇到的问题常常具有不确定性，而在这个层次上采用基于知识的组织级是恰到好处的。因为基于知识的组织能够便于处理信息和利用人的直觉推理逻辑和经验。系统的工作过程可以从两个方面予以描述：从横向来看，把一个复杂系统分解成若干个相互联系的子系统，对每个子系统单独配置控制器，便于进行直接控制，使复杂问题在很大程度上得到了简化；从纵向来看，把控制整个复杂系统所需要的知识的多少，或者说所需智能的程度又从高到低做了一次分解。即这种智能控制系统在结构上的多层次有两方面的意思：一个是指受控对象具有多个层次，其中有些层次存在不确定性或未知因素，这种层次越多，控制困难越大；另一个是指控制有多个层次，这与智能控制系统的设计、研究和运行有关，并规定在各层间实现"精度递增伴随智能递减"的原则。这样分级递阶智能控制系统就能在最高级的组织级的统一组织下，实现对复杂系统的优化控制，这种结构的优点是控制线路明确，易于解析描述。

下面将各级的功能特点予以简要介绍。

（1）组织级

组织级位于智能控制系统的最上面一层。它的作用是对于给定的外部命令和任务，设法找到能够完成该任务的子任务（或动作）组合，再将这些子任务要求送到协调级，通过协调处理，将具体的动作要求送至执行级完成所要求的任务，最后对任务执行的结果进行性能评价，并将评价结果逐级向上反馈，同时对以前存储的知识信息加以修改，从而起到学习的作用（其结构见图 7-17）。

由此可见，组织级的作用主要是进行任务规划，它是典型的人工智能中的问题求解，已有很多人工智能专家在这方面做了大量工作。Moed 和 Saridis 提出了采用 Boltzmann 机神经网络（BM 网络或 BM）来实现组织级功能的方法。

为了便于对问题进行描述，定义基元事件集合 E

$$E = \{e_1, e_2, \cdots, e_i, \cdots, e_n\}$$

式中，e_i 可以表示基本动作、动作对象、动作结果等，它们是最基本的事件。这些基元的组合既可以表示外部的任务输入要求，也可以表示子任务的组合。在 BM 中，E 表示了神经网络的节点。BM 网络由如下三部分节点组成。

① 输入节点　它用来表示要求的目标或子目标。在这里外部输入命令即是要求的目标。
② 输出节点　它由基元事件组成。这些基元事件的适当组织可实现要求的目标。

③ 隐节点　它主要用来实现输入和输出节点之间复杂的连接关系。

对于每个节点都用一个二进制随机变量 $x_i = \{0,1\}$ 来表示，并令

$$P(x_i = 1) = P_i$$
$$P(x_i = 0) = 1 - P_i$$

式中，$x_i = 1$ 表示神经元节点处于激发状态；$x_i = 0$ 表示处于闲置状态。

网络的状态向量 $\boldsymbol{X} = (x_1, x_2, \cdots, x_i, \cdots, x_n)$ 表示了一组 0 和 1 的有序组合，它描述了 BM 网络的状态。对于给定的输入，当 BM 网络到达稳定状态时，抽取相应输出节点的状态，便可获得最优的执行特定任务的基元事件的有序组合。

标准的 BM 网络应用能量函数为代价函数，通过使其极小来找到最优的状态。如果将能量与知识联系起来，那么这里能量的含义是表示缺乏知识的程度，即能量的减少表示知识的增加。或者说，这里的能量是与知识的不确定性的程度相对应的。即能量减少，不确定性的程度也减少，并可由它表示在给定的任务要求下所得到的基元事件组合的概率。

BM 网络要求事先必须进行学习和训练，学习时必须给出一组样本，每一个样本包括以下三部分内容：输入的任务要求，它由输入的节点的状态表示；输出的（dispatcher）分派器，它由输出节点的状态表示；该输入输出对应的概率，它实际上反映了在这组约束条件下 BM 网络的能量。

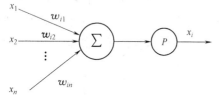

图 7-19　Boltzmann 机中的一个神经元

BM 中的各个神经元之间互相连接，其中单个神经元的特性可用图 7-19 来描述。

对于第 i 个神经元，其输入总和为

$$s_i = \sum_j w_{ij} x_j \tag{7-13}$$

式中，w_{ij} 是节点 i 和 j 之间的连接权系数；神经元的输出为 x_i，x_i 只能取值 1 或 0。取 1 的概率由下式决定

$$P_i = \frac{1}{1 + \mathrm{e}^{-s_i/T}}$$

式中，T 为温度参数。

定义 BM 能量函数

$$K(X) = \frac{1}{2} \sum_i \sum_j w_{ij} x_i x_j \tag{7-14}$$

式中，$w_{ij} = w_{ji}$，且 $w_{ii} = 0$。

输出基元事件的组合是正确的概率为

$$P[K(X)] = \mathrm{e}^{-\alpha - K(X)} \tag{7-15}$$

式中，α 是归一化因子。

对于已知的样本，其输入和输出节点受到约束，设其状态为 X，相应的概率 $P_s(X_s)$ 也是已知的，那么要求的能量为

$$K_s(X_s) = -\alpha - \ln P_s(X_s) \tag{7-16}$$

取代价函数为

$$J = \sum_s [K(X_s) - K_s(X_s)]^2 + \alpha \sum_i \sum_j w_{ij}^2 \tag{7-17}$$

式中，$K(X_s)$ 是 BM 网络的能量函数；s 是样本数。J 中第二项主要用来限制 w_{ij} 不要太大。

可以证明，J 只有一个全局极小值，且取得极小值，必有 $K(X_s) = K_s(X_s)$，这正是所希望的。可采用简单的一阶梯度寻优算法来寻求最优的连接权系数 w_{ij}，以使 J 极小，权系

数的修正规则为

$$w_{ij}(k+1) = w_{ij}(k) - \varepsilon \frac{\partial J}{\partial w_{ij}} \tag{7-18}$$

式中，$\varepsilon > 0$，为学习速率。

$$\frac{\partial J}{\partial w_{ij}} = 2 \sum_i \left[K(X_i) - K_s(X_s) \right] x_i^2 x_j^2 + 2\alpha w_{ij}$$

式中，x_i，x_j 分别表示在 s 样本时第 i 个和第 j 个状态分量。

在 BM 网络学习好后，便可用来进行任务规划。具体过程是：首先将要求的任务转换为一定的基元组合，将它们作为 BM 网络的输入约束向量，然后对 BM 网络进行搜索计算，以找出能量函数的最小点，设这时网络为 X^*，这时的输出节点状态即为要求的子任务输出。根据这时的能量函数 $K(X^*)$，可以进一步算出该输入对的概率 $P[K(X^*)]$，显然这是最大概率。也就是说，搜索的结果求得了一组最大可能完成任务的子任务组合。从熵的观点来看，这时的信息熵是最小的，熵最小也就是不确定性程度最小。

（2）协调级

协调级的结果图如图 7-20 所示，是一种树形结构。其中：D 是根点，称为分派器（dispatcher）；C 是子节点的有限集合，称为协调器（coordinator）。每个协调器与分派器之间均存在双向联系，而在协调器之间没有直接的联系。

从组织级来的命令首先传递到协调级中的分派器。这些命令表示为基元事件组合，分派器负责对各协调器的控制与通信。它根据当前工作准柜台，将组织级送来的基元事件序列翻译为面向协调器的控制行动，然后在合适的时候将它们送至相应的协调器。在任务执行完毕后，分派器还负责向组织级传送反馈信息。为了完成上述任务，分派器需要具备以下功能。

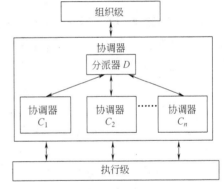

图 7-20 协调级的树形结构

① 通信功能。它能够向上层的组织级和下面的协调级发送和接受信息。

② 数据通信功能。它能对组织级来的命令信息和从协调器来的反馈信息进行描述，并可为分派器的决策单元提供信息和对它进行修改。

③ 任务处理功能。它能对要执行的任务进行识别，为相应的协调器选择合适的控制步骤，以及为组织级产生必要的反馈信息。

④ 学习能力。它能够根据任务不断执行所取得的经验来逐渐减小决策过程的不确定性，以达到不断改进任务执行的能力。

每个协调器均与一定的装置相联系，并对这些装置进行操作和数据传输。协调器可看成是在特定领域实现具体功能的一个专家。根据工作模型所加的约束和时间要求，它有能力从多种方案中选择一种合适的方法，完成分派器按不同方法所给定的同一种任务。它将面向协调器的控制行动序列翻译成面向执行级的实时操作序列，并连同相关的数据一起送至具体的装置。在任务执行完成后，它还负责向分派器报告执行的结果。协调器与分派器具有完全相同的结构形式，只不过是在一个较低和较具体的水平上实现分派器相同的功能。

图 7-21 表示了在分派器和协调器之间的任务（或语言）的翻译过程。这些不同层次的

任务是用语言来描述的。由于分派器和协调器处在树形结构的不同层次上，因而它们在进行这种语言翻译的时间尺度也是不相同的。分派器的一步可以变为协调器的许多步。所有协调器必须在分派器的统一管理下协同工作。图 7-22 表示了分派器和协调器的统一的结构形式。它们分别由数据处理器、任务处理器和学习处理器组成。

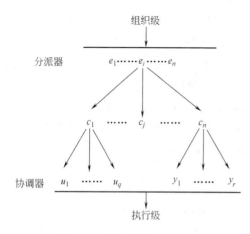

图 7-21　协调器的语言翻译

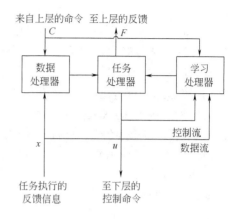

图 7-22　分派器和协调器的统一结构

　　数据处理器的功能是提供被执行任务的信息和当前系统的状态，它完成以下三个层次的描述：任务描述、状态描述和数据描述。在任务描述中，给出从上一级来的要执行的任务清单；在状态描述中，提供了每一个任务执行的先决条件以及按某种抽象形式给出的系统的状态；数据描述则给出状态描述的具体数值。这样的信息结构形式对于任务处理器中的分层决策是非常有用的。数据处理器中还包括一个监控器，它根据上层来的指令信息和下层的反馈信息对上述三个层次的描述进行维修与修改。该监控器还负责对数据处理器与任务处理器之间的连接。

　　任务处理器的功能是为下层单元提供控制命令的准确描述。它采用分层决策的步骤，分为以下三步：任务调度（scheduling）、任务翻译（translation）和任务的准则描述（formulation）。任务调度是通过检查任务描述及其前件和后件来识别要执行的任务。在这一步并不需要用到状态的实际数值，如果没有满足条件的子任务可以执行，任务调度必须先进行一些内部操作，以使得某些任务的前件得以满足。根据当前状态，任务翻译以合适的方式将任务或者内部操作分解为控制作用，最后通过搜索数据库中的数据描述给控制作用赋以实际的数值，从而实现任务的准确描述，并将该完整的控制命令送至低层单元。这样的分层决策方法可以使得处理层次清晰、处理快速。在所有的任务完成后，通过监控器来组织反馈信息，并以某种特定方式送至上层。该监控器也负责任务处理器与学习处理器之间的连接。

　　学习处理器的功能是用来改善任务处理器的功能及减小决策和信息的不确定性。学习处理器可以使用不同的学习机制，以完成其功能。

　　对于协调级的连接与功能，可以应用 Petri 网来进行分析，可参阅有关文献资料。

　　（3）执行级

　　执行级又称运行控制级。它直接控制局部过程并完成子任务。这一级必须高精度地执行局部任务，而不是要求有更多智能，可采用常规的优化控制。在递阶智能控制中，为了用熵进行总体的评估，可将传统的最优控制描述方法转化到用熵进行描述。这两种描述方法的实质是一致的，即对于某个具体选择的控制，其反馈控制问题的平均性能测度乃为一熵函数，最优控制对应于熵最小。这一论点确立了信息理论与最优控制问题的等价度量关系，并为信息理论和反馈控制问题提供某个共同的性能量度标准。

本方法为使自主智能控制系统适应现代工业、空间探索、核处理和医学等领域的需要提供了一个有效途径。图 7-23 给出了一个机器人的三级递阶智能控制系统的结构图，它实际上是一个视觉反馈的机械手的递阶智能控制系统。

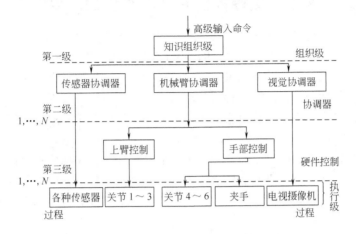

图 7-23　具有视觉反馈的机械手智能控制系统的分级结构

思考与讨论题

1. 人工神经网络的特性、结构、类型如何？
2. 试述模糊控制系统的工作原理。
3. 试述专家系统的概念、基本组成、特征及类型。
4. 试述分级递阶智能控制的基本结构及原理。

第8章 自动控制在材料热加工领域的应用

8.1 模糊控制在冲天炉上的应用

控制科学产生于 20 世纪 30 年代，迄今只不过经历了 70 年的发展历程。约在 40～60 年代，是经典理论发展阶段。在 60～70 年代，由于计算机技术的发展，为求解高阶微分方程提供了方便，因而出现了现代控制理论。这两种控制理论都必须建立精确的数学模型。20 世纪 70 年代末控制技术发展的新方向为"智能控制"。它研究和模拟人类智能活动及其控制与信息传递过程的规律，研制具有模仿人的智能控制系统。其中模糊控制理论就是一个重要的分支。

目前，世界各国铸铁熔炼仍以冲天炉为主，而且将来很长时期内仍将广泛地存在。这是因为冲天炉熔炼效率高，生产成本低和适应性强，能大量使用价格低的废铁、废钢，可以连续生产。这些优点巩固了它在铸铁熔炼中的地位。多年来全世界各国都在大力发展冲天炉熔炼技术。

从国内外冲天炉控制技术发展状况来看，只有少部分研究中涉及人工智能控制理论中的专家系统，即模糊控制和神经网络；而大部分采用经典和现代控制理论，对冲天炉进行控制。但由于冲天炉熔炼受到许多因素的影响，既有冶金因素，也有炉型结构因素，还有操作因素等，所以冲天炉是一个具有随机扰动同时有较大热滞后的被控对象，很难用一精确数学模型来全面描述它，而且在实际工作中，有时很难保证将所有影响冲天炉工况的因素全部考虑进去，因为影响因素越多建立精确模型越难，尤其对于不采用双联技术，操作标准水平不高，电力紧张，需要节省能耗的情况下，就更难于采用现代控制理论建立精确的数学模型。因此研究者们就想寻找一种新的控制方法而避开建立精确数学模型的控制方法。人工智能理论的出现为科技人员提供了全新的控制方法。它从 20 世纪 80 年代以来，得到迅速发展和广泛应用。它模仿人类思维方法，具有自适应、自组织、自学习特点，不需要建立精确数学模型，对被控对象的参数变化不敏感，抗干扰的能力强，适用于控制线性和非线性复杂的系统。

模糊控制是基于人们对操作经验的总结和对有关被控对象工作原理认识的基础上，利用模糊数学推导出一系列的控制理论。它借鉴了人具有模糊判断的能力，设法用计算机模仿人类思维特点，建立出相应的控制规则和算法，形成了一个模型控制器代替人去控制复杂的线性或非线性系统。

国外将模糊控制用于冲天炉的工作进行得较少，只是一些文章中提出了可以用模糊控制理论来对冲天炉熔炼进行控制。国内也只是在 1986 年才由东北工学院在冲天炉熔炼中应用模糊理论，建立模糊控制规则表，通过调节供风量来控制铁水温度。在 1989 年，湖北省机电研究院利用模糊数学建立控制规则表，依据冲天炉网形图去调节风量，从而达到控制铁水温度的目的。

由于用模糊控制规则表达法生成的控制器不具有通用性，当被控现象改变时，必须重新建立规则表，而且无法在线调整控制规则。考虑到控制规则表达法的这些缺陷，采用能够自校正的模糊控制方法是一种优良的冲天炉控制系统。目前模糊控制理论中，模糊自校正方法有以下几种：第一是改变模糊量的隶属函数；第二是改变输入偏差、输入偏差变化量和输出控制量的比例系数；第三是改变模糊控制规则。

对比以上三种方法，相对来说直接采用第三种方法较好，但如果是通过模糊关系矩阵的乘法运算来实现规则的修改，运算量太大，耗时多，不利于实时控制。而第一种方法中隶属函数形状对控制效果的影响是次要的，关键是隶属函数在模糊论证域中的取值范围，而改变其取值范围十分复杂，运算量大，很难实时进行。所以冲天炉模糊控制系统应该采用比例参数修改和控制规则修正相结合的模糊控制自校正法，这里采用控制规则因子自修正法，避免了繁杂的矩阵运算。其模糊控制器结构设计成具备以下功能：

① 对被控制系统品质进行辨识，实时修改控制算法；

② 对系统进行控制。

即先通过对获得的被控制系统参数——过桥铁水温度、熔化率、炉气成分等进行判别，在线自修正控制算法及比例系数；然后通过调整风量、加料量、温度等来控制冲天炉熔炼。

8.2　人工神经网络在铸造工业中的应用及研究进展

铸造生产是一项复杂的工艺过程，影响铸件生产效率、产品质量的因素错综复杂。如何生产出优质铸件，如何节能、低耗，尽量减少对环境的污染一直是铸造工作者的研究课题。现代化的铸造生产应该向机械化、自动化、精密化、高效率的方向发展，生产过程中的生产规划、质量预测、实时诊断、过程控制等方面都需要有先进的、优秀的自动控制、管理系统。而铸造生产由于其过程复杂、影响因素很多，规律不明显，若依靠人的经验或固定的程序来控制，是不可能快速、准确且适应千变万化的现场情况的。神经网络具有自学习、自组织、容错能力，是处理非线性系统的有力工具。如果能很好地结合人工神经网络技术、计算机技术和其他计算技术应用到铸造生产过程中，其结果一定是激动人心的。现在，已有铸造工作者在尝试利用人工神经网络对传感器信息进行拟合、精确识别、预报并实时控制过程；或在没有预先给定公式和模型的情况下，对实验数据通过自学习建立模型。

连续铸造改变了传统的模铸法，它是把熔化的金属液直接浇铸成形的新工艺。由于省掉了模铸的脱模、整模、铸锭均热和开坯等工序，减少了设备和劳动力需求量，缩短了加工周期，生产效率提高了，能源费用减少了。然而，漏钢是连铸生产中常见的恶性事故，既对人和设备的安全有危险，又造成很大的经济损失。东北大学自动化研究中心的郭戈等采用神经网络进行模式识别和预测拉漏事故。实验表明，该方法比传统预测方法更快速准确地检测出铸坯黏结和裂缝等缺陷，可有效预防连铸中的漏钢事故。拉漏预报的本质就是识别出结晶器中可能引起漏钢的温度模式。为此，将三维热电偶埋进结晶器中，再按第一排热电偶将系统分成不同的子系统，进而将每个子系统分成六个热电偶组，然后根据各组中的所有热电偶温度模式的模糊加权组合来判断其所在区域是否发生了黏结或断裂。先采用如图 8-1 所示的神经网络进行温度模式识别，很明显，这个网络由输入层、隐层和输出层构成。

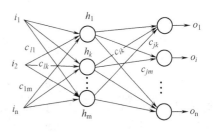

图 8-1　模糊神经网络的结构

图中
$$h_k = \mathop{S}\limits_{l=1}^{n} (c_{lk} t i_l) = c_{jk} \tag{8-1}$$

$$o_i = \mathop{S}\limits_{k=1}^{m} (c_{ik} t h_k) = \mathop{S}\limits_{k=1}^{m} (o_{ik} t c_{jk}) \tag{8-2}$$

式中　h_k——模糊神经单元，表示模糊运算的结果；

　　　S——模糊运算；

　　　c_{lk}——第 k 个神经单元与第 l 个神经单元之间的连接权；

　　　t——模糊运算算子；

　　　o_i——输出。

在识别出各个子系统中所有热电偶温度的模式类别后，根据每个子系统中全部六个热电偶的温度情况进行模糊决策。所采用的网络相当于一个参数可调的多层前馈神经网，在投入实际使用之前根据神经网络的学习策略用温度参考模式的各种可能的加权组合作为该模糊网络的输入对其进行训练。这样，利用神经网络进行模式识别和模糊决策，经实验证实，能够准确预报漏钢事故，提示操作人员引起拉漏的可能原因和出现拉漏的大体位置。而且还可通过改变预报函数的输出阈值，使其对于不同情况有不同的灵敏度。而比利时西德玛钢铁公司则利用人工神经网络辨识连续浇铸机的铸模钢水液位。其神经网络为使用 RLS 训练算法的多层前向网络，结构为 731631831，经过 1000 步学习后，模型检验拟合结果很好，如图 8-2 所示。

湿型砂铸造是传统的铸造方法，经济、高效、灵活、适应性广，目前仍广泛应用在中小型黑色铸件生产中。而型砂的湿度、紧实率等将直接影响铸件的质量。美国 John Deere 铸造厂首次把人工神经网络技术引入型砂质量过程控制，使生产过程控制得到了很大改善。在那里，神经网络的实时紧实率预测替代了实测值，具有自适应功能的控制器可根据型砂系统的状态不同而变化，亦可根据混碾条件的变更而变动，对任何偏离紧实率设定值的状态有最快的响应（如图 8-3 所示）。

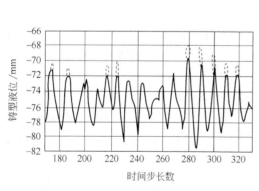

图 8-2　铸型液位模型检验（RLS算法）
——装置输出；----模型输出

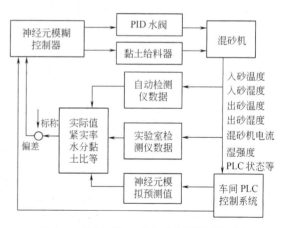

图 8-3　控制系统自优化控制器结构框图

随着铸造技术的迅速发展，浇铸原材料的范围不断扩大，新配比、新材料不断涌现。控制浇铸金属液的化学成分、温度等是铸出合格铸件的前提。一些研究者在此方面做出的尝试值得我们思考和学习。田民乐、刘少民利用模糊神经网络（FNN），根据炼钢转炉的实际采集数据，并进行了静态建模。新建模型对钢水终点温度、终点含碳量进行计算，其结果与相应的实测值基本一致。北京工业大学的刘连峰、袁玉蝶建立了可用于预测不同炉渣组成与渣合金的神经网络模型。他们在此基础上，又提出了一种能利用该网络搜寻金泥熔炼最佳熔剂配比的算法，并确定了金泥火法冶炼的最佳炉渣组成。同回归分析法相比较，神经网络方法确定的最佳熔剂配比范围更加精确。

随着计算机技术的不断发展，计算机在铸造中的应用越来越成熟广泛，为古老的铸造行业注入了新的活力，提供了新的解决问题的途径。利用计算机对铸造过程进行模拟、仿真，可以帮助铸造工作者预测铸件质量、估计铸造缺陷、确定铸造方案、优化铸造工艺、指导生产。无疑，计算机的应用减少了实验次数，缩短了试制周期，节省了人力、物力、财力，具有显著的经济效益。有限元法是数值模拟计算中使用的较成熟的差分方法，广泛应用于温度场计算、凝固组织预测、应力计算等方面。英国的 A. J. Trowsdale 等把人工神经网络技术和有限元技术结合起来，使其互相补充。先用传统的有限元方法计算应力、应变等，然后用得到的数据训练神经网络。"学习"后的神经网络可以即时、准确预测输出值（如应力、应变、变形等），不再需要繁杂的计算，既提高了响应速度，又大大节省了 CPU 时间。这对我们是很有启发的。

把人工神经网络应用到铸造中，首先要明确所要解决问题的性质，根据不同类型神经网络的优缺点，选用合适的网络类型。如果要用于模式识别，函数逼近，可选用 B-P 网络；如果要解决优化问题，可选用 Hopfield 网络；如果要用于样本排序、样本检测方面，可选用自组织映照模型网络——Kohonen 网络；而小脑模型关节控制器（CMAC）适用于实时控制等。在人工神经网络中，权是一个反映信息存储的关键量，在结构和转换函数定了以后，如何设计权使网络达到一定的要求，是应用神经网络的一个非常重要的部分。如果选用的网络属于有"教师"网络，"教师"可以是具有满意控制效果的人工控制，也可以是按某种方法设计出来的复杂的控制规律，网络经过学习即可实现"教师"的控制功能。如果选用的网络属于自组织、自学习网络，网络的权可分为两类，一类是层与层之间的权，可用 Hebb 学习律或竞争学习律得到；另一类是层内互相抑制的权，通常这类权是固定的。网络结构和权的设计决定后，就可以利用输入和样本输出等对网络进行训练，使其能够工作，或识别信号、或预测结果、或控制过程。当输入模式与输出模式相当不同时，可通过增加中间层来转换输入信号。一般来说，两层或三层网络即可满足需要。网络在开始投入使用时，要对其可行性和准确性进行实验验证，修正其学习算法、目标函数、权的设计等，甚至重构网络。只有不断改进，才能提高网络的准确性、灵敏度和可靠性等。应用人工神经网络的过程如图 8-4 所示。

图 8-4　人工神经网络应用过程示意图

8.3　虚拟制造在铸造生产中的应用

铸造生产中的虚拟制造技术可以称为虚拟铸造技术，其分类见图 8-5。目前虚拟铸造技术主要应用于铸件设计、浇注充型或造型过程的数值模拟及结果的可视化和铸造生产过程的仿真优化三个领域。

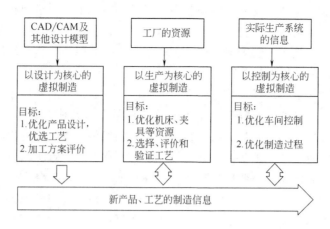

图 8-5　虚拟制造的分类

8.3.1　铸件设计

美国 Wisconsin 大学的 Integrated-Computer Aided Research on Virtual Engineering Design and Prototyping（I-CARVE）实验室研制了一套虚拟铸造平台。该系统使用立体眼镜来观察三维图像，用语言建立各种几何模型，用数据手套来确定几何体的尺寸和位置。目前，I-CARVE 实验室已经利用这个系统成功地完成了注塑和压铸零件的设计，该系统的目标是达到传统 CAD 方法 10～30 倍的设计效率。

8.3.2　浇注充型或造型过程的数值模拟及结果的可视化

许多商品化的浇注过程模拟软件，都具有利用二维图像技术开发的计算结果可视化模块，使用户可以更直观地观察模拟结果，分析铸件的成形过程。

8.3.3　铸造生产过程的仿真优化

越来越多的公司和企业在做出重大投资决定之前都希望了解他们将购买设备的详细情况，传统的可行性分析往往不足以回答在规划设计过程中有关生产率、生产周期、设备利用率以及物流等方面的问题，这些对于铸造厂来说都是十分必要的。利用虚拟制造技术对生产过程进行仿真分析，恰恰可以帮助企业回答这些问题。

德国的铸造设备制造商 Laempe 公司利用离散事件仿真和机器人模拟技术为 Waupaca 铸造公司的制芯生产线进行了工程分析。工程技术人员首先对初步设计的布置图进行了尽可能真实的模拟，对冲突点和机器人的运动时间进行优化，向用户展示整个生成线每个部件的运动。每个部件的生成周期确定之后，在很早的阶段就可以对生成线的生成率做出分析报告。对生产过程进行几百操作工时的模拟，综合考虑砂芯的破损率和设备部件的故障停机时间，确定各种布置方案每小时能生产砂芯的平均数量。在项目实施的最初阶段就对各种可能的情况进行分析和评估，成为项目投资分析的重要部分。高质量的三维图形充分演示了生产的实际情况，可以从任何角度进行三维放大，这种模拟过程可以取代复杂的图纸与流程图，帮助用户和设计人员理解和分析生产过程。

美国的 Foundry Service 公司（FSC）为了将其熔化设备的熔化能力从每炉 1350kg 增加到 2000kg，计划增加一个大型浇包和相应浇包运输设备，目的是减少铁液输送系统对熔化能力的制约。该公司利用 Witness 仿真软件包建立了一个包括给料、预热、熔化、出铁液、铁液的运输、浇注以及造型的完整工艺过程的仿真模型。这个模型还通过和 AutoCAD 接口获取车间的布局信息，从而得到各种设备的位置和距离。这个模型的数据是建立在各种设备的生产报告、维修报告和生产计划等数据统计结果上的。但是，在得到的仿真分析结果中出现了与预期相反的结论。仿真分析表明，炉料的增加与快速的出铁液周期相抵触，在三次快速出铁液之后，熔化炉就只能起到铁液容器的作用，直到下一次或两次出铁液后才能继续向熔化炉中填料，这就会导致在生产周期中有一段时间生产线得不到铁液供应。仿真分析表明，适当地减少炉料加入量并调整每次加炉料后取铁液的量和次数，会加快铁液供应的周期，减少熔化工段对生产效率的制约。仿真分析铁液回炉率结果如图 8-6 所示。由图 8-6 可以看出，仿真分析过程中不断调整铁液的回炉量，当回炉量下降到改造前的 58.4％时，可以使造型线的生产率提高 22.1％。按照仿真结果更改设备参数后的生产实验支持了仿真结果。FSC 公司成功地利用虚拟制造技术完成了生产系统的投资改造，并避免了不必要的熔化设备的投资。

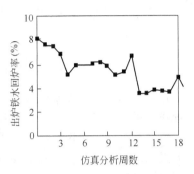

图 8-6　仿真分析出炉铁液回炉率

美国的 Grede Foundries 公司在 1996 年 5 月计划改造其制芯车间，以提高福特造型线的生产能力。该公司建立了制芯车间的仿真模型，通过仿真分析确定了制芯车间的最优工人数量，并决定在制芯工部传送带的末端增加一台壳型机，用来增加砂芯产量。这一虚拟仿真模型帮助 Grede Foundries 公司通过重新安排操作过程以及增加一台制芯车间设备，在没有增加一名工人的情况下提高了生产能力。采用虚拟生产分析所得到的方案，以最小的改动和成本实现了预期的目标。

瑞典铸造协会也为大型企业提供铸造虚拟生产分析，完成了一系列生产仿真工作，比较典型的有：

① 新建铸铝熔化线的虚拟生产分析，通过仿真分析使生产能力提高了 24％，节省投资 10000 英镑；

② 一个完整的铸铝厂从熔化到产品发送的虚拟生产分析；

③ 一个铸铁缸体生产线熔化工段的虚拟仿真，通过仿真分析，修改了原有的投资方案，增加了工人数量，节约了大量时间和投资；

④ 一个壳型造型工段的虚拟仿真。在投资分析的后期，技术人员将关注的焦点集中于机器人是否能同时处理造型机和传送带上的物料以及每班的砂型产量和造型机的设备利用率等问题上。然而，仿真分析的结果却表明，技术人员所担心的问题都不是制约生产效率的瓶颈，真正的瓶颈在于传送带的输送能力。通过仿真分析，帮助技术人员找到解决问题的关键，避免了盲目的投资和改造。

瑞典铸造协会的 4 个虚拟仿真实例，都是在投资之前进行的。由于投资期间的决策错误可能会造成很大的损失，所以在投资前进行必要的生产过程仿真，就显得非常必要了。这 4 个实例都有效地帮助投资方节省了投资。

目前虚拟制造技术在铸造领域中的应用主要集中在生产过程的三维动态仿真、工艺参数优化和投资前的生产分析等方面，主要解决铸造生产中的"如果…怎样（what if）"问题。

8.4 专家系统在铸造工艺设计中的应用

铸造工艺历史悠久，长期以来一直是一种手工经验的积累。虽然近年来铸造工艺 CAD 取得了很大进展，但由于铸造工艺设计涉及多学科知识，各种影响因素众多且关系复杂，在实际生产中，即便较为成熟的工艺也可能出现问题，因此经验显得极为重要。这些经验和规律往往又是对多种影响因素综合作用的归纳，难以用一种理论或模型加以描述。而具有人工智能的专家系统能够模拟铸造专家的决策过程对复杂情况加以推理和判断，使工艺设计更为合理。

8.4.1 铸造方法选择中的专家系统

选择适当的铸造方法是铸造工艺设计的前提和基础。由于各种决定因素错综复杂，采用专家系统可将各种因素间的关系规范化，给出统一的思考顺序，全面、合理、迅速地选择铸造方法。在铸造方法选择的过程中，主要是对规则的管理和运算的匹配，所以铸造方法选择专家系统多基于产生式规则的知识表达。

英国沃里克大学的 A. Er 等采用模块化设计方法、反向推理策略，进行了铸造方法选择的研究，知识库由四个相互独立而又关联的子库组成，分别为合金种类、形状复杂程序、铸造精度和产量，根据用户提供的以上信息，系统能够自动推理出最恰当的铸造方法。在伯明翰大学研制的用于铸件设计和加工过程的 CADcast 软件中，构造了一个用于选择合金和铸造方法的知识库，根据已选合金初步选择与之匹配的铸造方法，还可由零件结构进一步加以确定，但系统要求用户对所选择合金的成分及性能具有一定的了解。

美国科研工作者开发的专家系统 PCPSES，可从铸件的设计、生产、加工和成本分析特性出发，由砂型（手工或机器）、压铸、壳型、塑料模、熔模精铸、金属型和离心铸造中选出适宜的铸造方法。

国内在这方面的研究和开发不多，典型的有西北工业大学采用 C 语言构建的一个铸造工艺 CAD 产生式专家系统开发工具。它能提供近七种铸造方法，其中知识库与数据库采用两种耦合方式，实现了经验与标准相结合的设计模式。

随着并行工程技术在铸造应用中的不断深入，产品设计人员与铸造工艺设计专家之间适时交流显得更加重要。把专家知识融于铸造方法选择之中帮助选择最佳的铸造方法正日益引起人们的兴趣。

8.4.2 专家系统在浇冒系统中的研究和应用状况

铸件质量在很大程度上取决于浇冒系统的设计。传统的浇冒系统设计主要依据流动和传热的一些基本概念及经验，经验知识在设计中发挥着重要作用，因此在浇冒系统设计中引入专家系统可行、实用，具有许多优点：

① 将铸造工艺设计者及专家长期积累的丰富经验储存到知识库中，以利今后借鉴；
② 普通工艺设计人员也可借助专家系统进行新铸件的浇冒系统设计；
③ 采用专家系统能够减少浇冒系统设计的校核时间，从而降低成本，缩短开发周期；
④ 经专家系统初步设计的浇冒系统可用于数值模拟过程。

近来，一些研究者对专家系统在浇冒系统设计中的应用进行了不懈的努力，开展了许多卓有成效的工作。例如，美国亚拉巴马大学的 J. L. Hill 等采用 CLIPS 开发了一个用于砂型铸造轻金属铸件浇冒系统设计的专家系统 RDEX。专门编制的铸件几何特征提取模块 CFEX，可利用商业化 CATIA 和 CAEDS 软件包获取边界面表示（B-rep）信息，并在此基础上确定分型方向和分型面。同时采用启发式方法识别厚壁区域，确定冒口、自然流道和浇口位置，最后由 CAEDS 绘出三维浇冒系统。但该专家系统目前仅能处理一些简单形状铸件，且要求安放冒口的顶平面与分型面平行。

之后，J. L. Hill 及其合作者又将工作进一步扩展到基于知识的熔模铸造浇冒系统 DIREX 软件的研制中。设计中可根据铸件的加工和几何特征为其分配成组技术（GT）编码，从而自动选取相应规则，用于浇注系统设计。但铸件的特征提取算法和浇冒系统设计功能使其仅能处理带毂的圆形轴对称结构铸件，且知识库所含规则只适用于钛合金铸件，令其应用范围受到一定限制。

在意识到包括以上专家系统在内的现有设计软件多未形成完整的集成系统，即不仅能够进行浇冒系统设计，而且将设计与包括流场、传热耦合和凝固动力学在内的模拟计算直接联系起来。美国宾夕法尼亚州并行技术公司的 G. Upadhya 等尝试采用基于启发性知识和几何分析的集成方法进行浇冒系统的自动、优化设计。在几何分析的基础上，提出了适于复杂形状铸件的点模数模型，可用于三维铸件的壁厚分布计算。这比 Hill 等在相似研究中采用的二维方法更为精确。他们针对推理过程中出现的规则冲突问题，采用权系数予以解决。设计中并未采用专门的专家系统外壳，而代以 FORTRAN 语言。其不足之处在于最终设计结果采用有限差分网格而非实体形式。此外，他们又提出以遗传算法进行冒口的优化设计。

除此之外，美国密苏里大学研制了倾斜浇注金属型浇注系统设计的专家系统。该系统运行在 AutoCAD 的 Lisp 环境下，采用 AutoCAD 进行铸件的实体造型，以 NEXPERT OBJECT 作为专家系统外壳，通过 Lisp 程序获取拓扑信息和几何信息，允许用户以交互或自动方式确定分型方向和分型线。由专家系统给出浇注系统的最佳结构设计，Lisp 加以实现。最后还可将设计结果传给 ProCAST 软件，进行凝固模拟，以分析浇冒系统设计的合理性。

现有的浇冒系统设计基本都由铸件实体造型开始，然后划分网格。在专家系统中，采用经验和启发性规则进行浇注系统设计，并在几何分析基础上确定自然流道。冒口设计依据经验准则，诸如 Chvorinov 准则计算铸件凝固时间，最后确定冒口的尺寸和位置。具体设计过程如图 8-7 所示。

由此可见，铸件的几何特征，诸如铸件边界、砂芯位置、厚壁区域和流道等对浇冒系统的设计至关重要。系统中应重视铸件几何特征提取功能，合理选择分型面，从而简化工艺，

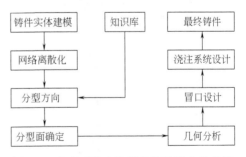

图 8-7　专家系统在浇冒系统设计中的应用

提高设计准确性和效率。近来有人对轻合金、铸钢和球墨铸铁铸件的浇冒系统设计规则进行了系统的归纳和研究，关键的分型设计也有详细的分析和总结。

目前国内在这方面的研究还刚刚起步，见诸报道的有华南理工大学采用 Turbo-Prolog 语言编制的压铸工艺参数设计及缺陷判断专家系统。文中提出了压铸工艺参数和缺陷判断的参数设计多途径设计方法，即按人工设计思路和计算机自动搜索差别的辅助设计法。在基础

工艺参数设计部分，以速度、温度、压力和时间为主导，确定充填时间、内浇口速度及尺寸、慢压射速度和快压射位置及速度。

沈阳工业大学在轧钢机机架铸造工艺 CAD 中用专家系统拟定工艺方案，建立了相应的知识层次结构模型，不同层次上的知识采用不同的表示方法和推理策略。在此基础上进行了造型、制芯方法、铸造种类选择、浇注位置、分型面选择以及浇冒系统设计。

思考与讨论题

1. 试举模糊控制理论在铸造、焊接等热加工领域的应用实例。
2. 试举人工神经网络理论在铸造、焊接等热加工领域的应用实例。
3. 试举虚拟制造在铸造、焊接等热加工领域的应用实例。
4. 试举专家系统在铸造、焊接等热加工领域的应用实例。

第9章 计算机技术与热加工工程

9.1 引 言

电子计算机被公认是 20 世纪最重大的工业革命成果之一。经过半个多世纪的发展，计算机技术日新月异、突飞猛进，大大出乎人们的预料。计算机自问世以来，得到了越来越广泛的应用，有力地推动了国民经济、科学技术和文化事业的发展。尤其在 70 年代初，大规模集成电路技术的发展，微型计算机的出现，为计算机的广泛应用开拓了极其广阔的前景，展示了它在科学技术领域中日益显要的地位。计算机的应用已远不止科学计算，更成为科学技术领域存储、传输、处理、加工数字化信息的工具，已渗透到国民经济、人民生活的各个领域，从而形成新时代的一种文化——计算机文化。

计算机技术在近 30 年里对包括热加工技术在内的机械制造业的发展与变革产生了巨大的推动作用。以现代先进制造技术 AMT （advanced manufacturing technology） 及信息高速公路 （information highway） 为代表的技术革命已使机械制造业发生了翻天覆地的变化。目前，机械制造业已将计算机技术应用到产品设计 （CAD）、工艺规划设计 （CAPP）、制造 （CAM）、管理信息系统 （MIS）、办公自动化 （OA） 等领域，将这一系列的计算机辅助技术加以集成统一，就成为所谓的计算机集成制造系统 （CIMS）。

在热加工生产和研究领域，计算机技术的应用也日趋广泛，如铸造、焊接的计算机辅助分析、计算机检测与控制、专家系统、信息处理系统、工艺工装设计中计算机应用等。在这些方面引入计算机技术，促进了热加工生产过程管理的规范化、标准化，大大提高了生产效率和产品质量，缩短了生产周期，降低了成本，增强了产品在市场中的竞争能力。

计算机和网络技术的发展正在改变世界，对人类社会正产生着极其深远的影响。利用以计算机为代表的高新技术来促进传统产业的改造与进步，已成为科学技术发展的必然趋势。

目前，已有越来越多的单位和企业建立了计算机网络，科研和工程技术人员可以通过网络传递各种信息。计算机和网络技术已全面进入热加工生产过程，即从订货到加工、直至发货的全部过程的每个步骤都可以从计算机和网络中即时地得到必要的信息和进行所有的生产、经营等活动。在机械加工领域中，CIMS 就是围绕加工中心的 CAD、CAPP、CAQ、CAM 等的信息集成系统。

因特网是一个国际性的计算机互联网络，它由千百万计相互连接的计算机组成，范围遍及全世界，是现代社会传递信息的重要工具。它对加工制造业的影响是巨大的，目前，国外的先进制造企业 50％ 左右的生产信息是通过因特网传递的。一些企业的商务活动已过渡到网上商务时代。国内因特网的发展也非常快，一些组织/企业都已拥有了自己的站点或主页，部分企业的网上电子商务活动也相当活跃。比如铸造模具厂家，通过因特网已实现了异地设计和远程制造。

企业内部网络的建立使企业管理信息和过程技术信息计算机化并通过网络管理起来，从根本上改变了企业传统的管理经营模式。企业领导层和各职能部门可以直接地、及时地通过网络和生产第一线人员交流信息，各种技术文档、资料也可通过网络分发，甚至网上讨论和会议，从而大大提高了效率，减少了企业在经营、管理、设计、生产各环节的脱节现象。

为了形成完整的网络信息系统，已开发出了不少成套的软件系统。从管理信息的角度，曾提出的物料需求计划系统 MRP（materials requirement planning），它主要是管理企业的原料、半成品直到产品的物流有关的信息，随后又发展为制造资料计划系统 MRPⅡ（manufacturing resource planning）。这一系统可以将企业中的产、供、销、人、财、物，即各种资源的信息统一管理起来。在此基础上，又发展有企业资源计划 ERP（enterprise resource planning），它扩展了 MRPⅡ 的信息范围。从企业外部来说，包括了供应商、营销网络和客户的信息；从企业的内部来说，包括了从设计到生产制造的信息，从而形成一个完整的信息系统。可以说，未来的工厂管理就是建立在计算机网络基础上的数字化工厂管理。

9.2　计算机在热加工中的应用

计算机和网络技术现今已十分普及，不再神秘莫测。人们除了利用计算机进行文字处理、电子表格、一般计算等方面工作外，还可通过网络传输电子邮件、技术资料、生产、管理等各个环节和过程。在信息数据处理、检测与控制、生产过程和工艺辅助设计与制造等方面应用最为普遍，如图 9-1 所示。

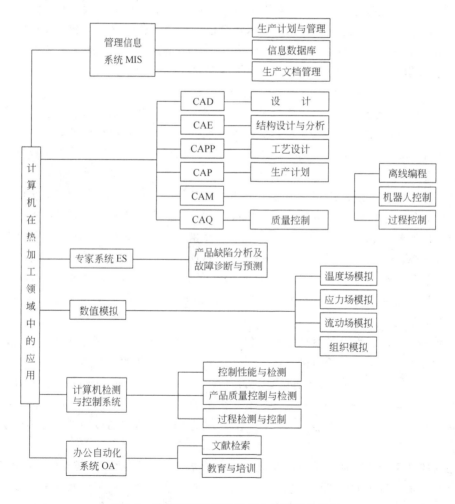

图 9-1　计算机在热加工领域中的应用示意图

9.2.1　计算机辅助设计和集成制造系统

计算机辅助设计 CAD（computer aided design）、计算机辅助制造 CAM（computer aided manufacturing）、计算机辅助工程 CAE（computer aided engineering）、计算机辅助工艺规划 CAPP（computer aided process planning）是当代计算机应用的重要领域。随着计算机硬件和软件技术水平的迅速提高，CAD、CAM、CAE 和 CAPP 技术及其应用一直处于日新月异的发展浪潮之中。

设计是分析与综合相结合的复杂过程，既包含大量的数值计算、参数选择和绘图等烦琐工作，也包含创造性思维、经验运用和判断评价等智能行为。计算机的应用，使得设计人员在设计过程中，能充分发挥计算机的强大运算功能，大容量信息存储与信息查找的能力，完成信息管理、数值计算、分析模拟、优化设计和绘图等项任务，而设计人员可集中精力进行有效的创造性思维，从而更好地完成从设计到制造方案的提出、评价、分析模拟与修改到具体实现设计和制造等全过程。这种设计人员和计算机的有机结合，发挥各自特长的设计方法，就是 CAD。目前，CAD 已成为计算机应用的一个十分重要领域。

CAD 技术从根本上改变了传统的手工设计、绘图及制造等的落后状况。CAD 的技术应用可显著提高设计和制造质量，缩短设计周期，实现设计与分析的统一，可轻易地设计出合理的工艺，产生显著的社会经济效益。同时，为 CAE、CAM、CAPP 及计算机集成制造系统 CIMS（computer intergrated manufacturing system）的实现准备完备的信息奠定基础。

计算机辅助工程 CAE 是通过建立能够准确描述对象某一过程的数学模型，采用合适可行的求解方法，使得计算机模拟仿真出研究的特定过程，分析有关影响因素，预测这一特定过程的可能趋势与结果。铸造过程数值模拟技术便属于典型的 CAE 技术。热加工领域 CAE 技术涉及热加工技术理论和实践、计算机图形学、多媒体技术、可视化技术、三维造型、传热学、流体力学、弹塑性力学等多种学科，是多学科交叉的前沿领域。国内外都投入大量人力和财力从事这方面的研究，并已取得了大量的研究成果。

CAD 技术的发展方向是集成化、智能化、网络化、柔性化、绿色化和虚拟化与并行设计、系统的实用性和使用方便性以及降低价格等。

① 集成化　以三维造型为基础的 CAD/CAM/CAPP/CAM 的集成是未来产品设计开发的主要模式。尤其是进一步与快速原型制造 RPM（rapid prototyping manufacturing）的集成，可以构成一个闭环快速产品开发系统，在并行工程 CE（concurrent engineering）环境下，能对产品设计进行快速评价和修改，以适应市场大规模客户化生产的需要，提高企业的竞争力。

计算机集成制造系统 CIMS 是基于计算机技术和信息技术，将设计、制造和生产管理、经营决策等方面有机地结合成一体，形成物流和信息流的综合，对产品设计、零件加工、整机装配和检测检验的全过程实施计算机控制，从而达到进一步提高效率、柔性、质量和降低成本的目的。

② 智能化　设计过程需要大量的设计和专家经验。智能化希望能以更接近自然，也即更接近人类思维表达的方式建模、仿真和制造，将人类智能与人工智能（如 CAPP 专家系统、CAD/CAM 专家系统）融为一体，实现人机一体化设计。热加工 CAD 的智能化基于 CAE 技术、专家系统和信息处理系统来实现。即采用人工智能技术，运用知识库中的设计知识进行推理、判断和决策，解决以前必须由人类专家解决的复杂问题，使 CAD 技术的发

展达到一个新的水平。

③ 网络化或协同化 形成信息高速公路（information highway）互联的协同 CAD，实现计算机支持协同工作 CACW（computer supported cooperation work），达到远程制造（remote manufacturing）的目的。将多台计算机 CAD 工作站联网或将多台计算机 CAD 工作站和过程工作站联网，构成分布式 CAD 系统已成为一种趋势。这种网络系统结构灵活、功能强大、价格较低。每个工作站可单独使用，也可配合使用，实现资源信息共享，也可实现并行设计和协同工作。这种 CAD 网络很适合企业单位的需要。因为企业中的产品设计与制造一般都不是个人行为，而是一个组或一个科室群体有组织有计划进行的过程项目。参加工作的各个成员必须相互配合、协同努力，在规定的权限下共享资源和已有的设计结果，有关负责人还要对各步的设计结果进行审核。CAD 网络的建立以及设计管理和协同设计功能的实现，无疑将大大促进企业经济效益的提高。目前，铸造工装 CAD 的网络化、远程制造的趋势已初见端倪。

④ 绿色化 机械产品的绿色化已成为全球不可抗拒的潮流，也是人类可持续发展的核心内容之一。以铸造 CAD 技术及并行工程为基础的绿色铸造工艺设计技术，在以集成、并行的方式设计产品及其相关过程的同时，利用 CAD 技术优化铸造工艺，减少废品率，使整个铸造生产过程对环境造成的污染程度降低到最小，资源的利用率达到最高。

⑤ 虚拟化 虚拟技术是以计算机支持的仿真技术为前提，对热加工工艺及过程经过统一建模形成虚拟的环境、虚拟的过程、虚拟的产品，即在虚拟环境下实现整个热加工工艺及生产过程在计算机上制造出数字化的产品。虚拟技术主要包括：虚拟环境技术；虚拟设计技术；虚拟制造技术；虚拟研究开发中心将异地的各具有优势的研究开发力量，通过网络和视像系统联系起来，进行异地开发、网上讨论；虚拟企业为了快速响应某一市场需要，通过信息高速公路，将产品涉及的不同公司临时组建一个没有围墙、超越空间约束的，靠计算机网络联系的，统一指挥的合作经济实体。

虚拟铸造技术可以使企业多、快、好、省地生产出高质量铸件，在市场上具有很强的竞争力。美国 1996 年就提出了包括用户、成形过程仿真、模具制造 CAD 及铸造四部分组成的模拟铸造公司的新概念。

9.2.2 计算机检测与控制系统

在热加工生产和研究中，常常使用一些仪表对诸如温度、压力、流量等物理量信号进行实时检测并根据得到的信号由人或仪器做出判断，然后采取相应措施加以控制，然而，这样的检测与控制不能反映瞬间信号的变化和实时控制，因而不能满足实际生产和科研测试与控制的需要。为此，用计算机系统的快速采样分析能力来满足这一需要。

利用计算机实现对生产设备或生产过程进行检测与控制是计算机在热加工生产中应用的重要内容。计算机和检测仪表、控制部件结合即形成计算机检测与控制系统，如图 9-2 所示，可见计算机检测与控制系统的组成及其相互关系。一般地，生产过程中将被测试和控制的信号（如温度、压力、流量等参数）首先通过传感器采集温度、压力、流量等参数，并将这些非电物理量转换成电信号（如电压、电流等）；再将信号放大，满足模数转换器（A/D）的要求，放大后把电信号传递给模数转换器，由模数转换器将电信号转为数字信号，经输入输出接口（I/O）输入计算机，再由计算机按事先编好的检测和控制程序进行运算、逻辑判断、比较，将结果再由 I/O 接口输出。输出的数字信号经数模转换器（D/A）转为模拟信号（如电压、电流信号），经放大器放大后，用于带动相应的执行结构，从而实现对生产过程中的温度、压力、流量等参数的实时检测与控制。

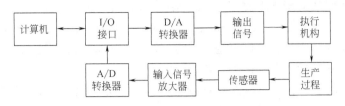

图 9-2 计算机检测与控制系统示意图

近年来，热加工生产中越来越多利用计算机测试各种参数、监视生产状况、控制生产过程，相关设备和装置不断推向市场，从而有效地提高了产品的质量和生产率、降低了生产成本。随着自动控制的发展，已进一步将生产过程控制与分布网络通信及管理系统相结合，发展成为集散控制系统 DCS（distribution control system）。它发挥和结合了仪器仪表的分散控制与信息集中管理的特点，使计算机自动控制的应用提高到一个新的水平。

目前，在热加工生产中运用计算机检测与控制系统有如下一些方面。

① 冲天炉熔炼的计算机检测与控制。包括配料的自动控制、风量调节及温度控制。

② 金属液质量的炉前快速检测及数据处理。包括各元素成分测定、金属液温度、共晶度、孕育效果及力学性能测定等。

③ 铸件成形过程的计算机检测与控制。包括金属液流动性检测、铸型性能检测、造型线主辅机工作状态的监控。

④ 产品质量的计算机检测。包括检测铸、焊件内部质量、表面粗糙度以及利用计算机图像识别技术检测产品的尺寸精度。

⑤ 型砂性能及型砂处理过程的计算机检测与控制。包括紧实率、抗压强度、抗拉强度、有效黏土含量、透气性及水分的测试。

⑥ 压力铸造过程的控制。

随着计算机的发展和生产要求的不断提高，计算机检测与控制系统将越来越强调在线监控，强调集成化与智能化。

a. 在线化。能够对热加工过程或设备进行在线检测与控制，能够及时准确地反映现场状态，实时控制有关生产设备，从而使热加工过程或设备保持着最佳状态。

b. 集成化。各监控系统能够相互配合、相互协调，构成一个有机整体。

c. 智能化。监控协调现场实际情况，自动发出准确合理的指令控制相关对象。

d. 远程化。利用 Internet 可以实现远程（异地）监控。

9.2.3 计算机的信息处理系统

当今世界技术即将成为第一大产业，各种各样的信息处理技术大量涌现、日新月异，特别是信息高速公路的出现，将人类社会带入了一个崭新的时代。在这样的背景下，任何运用高效的管理手段及时准确地分析和处理这些信息和浩瀚的数据是十分重要的。对于企业来讲，一方面，企业内部各管理部门之间、管理层和生产部门之间以及企业和外部之间需要传递大量的信息；另一方面，企业内部各部门技术的进步往往会产生一些阻碍信息交流的"孤岛"，一些处理系统如 CAD、CAE、CAM、CAPP 所需要的及所生成的数据彼此差异很大，需要协调管理，才能达到资源共享。根据上述要求，信息处理系统（information proceeding system）应运而生。

企业信息处理系统有别于管理信息系统 MIS（management information system）及产品数据管理 PDA（product data management），它是一个范围更广、内容更深，集整个企业所有作为为一体的信息处理系统。以铸造生产为例，一个铸造厂的信息处理系统应涵盖该厂的所有行为，包括市场营销、物料进出、生产组织与协调、行政管理、与外界的信息交换等，其示意图如图 9-3 所示。目前，热加工领域信息处理技术研究、开发与应用还处于起步阶段，与发达国家企业相比，我国企业信息处理系统的研究开发还比较落后，没有形成规模、特色，所采用的技术也不够先进。此外，信息处理系统的应用范围也比较窄，主要集中在企业的财务、人事、库料管理方面，而现场生产管理很少。

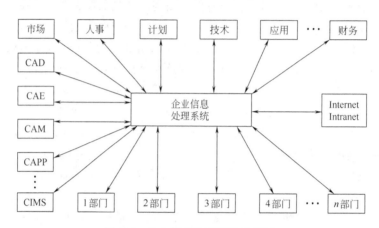

图 9-3　企业信息处理系统示意图

面对信息"爆炸"时代，还要加强对 Internet、Intranet 在热加工领域应用技术的研究开发，对 Internet、Intranet 的应用要着重从以下几个方面进行系统的研究：开发 Internet 对热加工产业影响与对策的研究；热加工企业网上电子商务的研究与开发；热加工产品异地设计远程制造技术的研究与开发；分散网络化技术的研究与开发。

9.2.4　人工智能与专家系统

人工智能是当前科学技术发展中的一门新思想、新观念、新理论、新技术不断出现的新兴学科。它是在计算机科学、控制论、信息论、神经心理学、语言学等多学科研究基础上发展起来的，是一门综合性的边缘学科。

虽然人工智能的研究与开发时间不长，但它已经在许多领域取得了惊人的成就，获得了迅速的发展和广泛的应用。

人工智能研究的目标是使现有的电子数字计算机更聪明、更有用，使它不仅能做一般的数值计算及非数值信息的数据处理，且能运用知识处理问题，能模拟人类的部分智能行为。针对这一目标，人们就要根据现有计算机的特点研究实现智能的有关理论、技术和方法，建立相应的智能系统。例如，目前研究开发的专家系统、机器翻译系统、模式识别系统、机器学习系统、机器人等。

专家系统的应用是最近十多年来人工智能研究领域中最具有实用价值的应用领域。它是人类长期以来对智能科学的探索成果和实际问题的求解需要相结合的必然产物。自 1965 年美国斯坦福大学开发的用质谱仪得到的数据来确定一个未知化合物的分子结构的第一个专家系统 DENDRAL 问世以来，专家系统的技术和应用得到了飞跃发展。目前，世界各国已在医疗诊断、化学工程、资源勘探、工程技术、语音识别、图像处理、金融决策、军事科学等领域中研制了大量的专家系统，不少专家系统宣称在性能上已达到甚至超过了同领域中人类专家的水平，其应用已开始产生巨大的经济效益。专家系统的研究不断向人们提出新的研究课题，促进了人工智能的进一步发展。它将是人工智能目前最重要的研究方向之一。因而，许多发达国家纷纷把专家系统研制列入国家重点科研项目。我国在"七五"规划中就明确要求专家系统的科研项目要达到实用水平。

一方面，在实际生产中，比如铸造生产，即使是一个成熟的铸造生产工艺，也会经常出现一些问题。这是因为铸件废品的产生除了受铸造工艺影响外，还与合金熔炼、造型、浇注和清理等各道工序的实际操作和管理因素有关，这些因素一般是随机的、复杂的，很难用数学公式描述出来，只有通过具有丰富经验的铸造工作者或专家的分析、推理才能确定。另一方面，在铸造生产中铸件出现问题时，希望能得到有关专家的亲临指导，但由于种种原因往往不能如愿以偿。人工智能型专家系统正具有这一特点，它能模仿铸造专家系统的思维方式，对各种复杂情况进行诊断和预测，在不确定的信息基础上得出正确的结论。因此，开发和应用专家系统具有非常重要的意义。

建立一个具有较高使用价值的热加工专家系统，其决定因素主要取决于三个方面：

① 所收集的知识是否包括了解决某一问题应具备的全部知识，包括理论的、经验的及启发性的知识；

② 所用的知识表示方法和控制策略是否能完成模仿专家的思维方式，尤其是专家的不确定性判断方法以及启发性的推理过程；

③ 系统人机界面和操作界面环境是否友好、优良，用户操作是否快速、方便。

热加工有许多领域适合于专家系统的开发，如：

① 设计类，热加工生产车间总体布局、设备选择和人员配置、原材料选择、最佳方案的选择、实验设计、模具设计等；

② 制造类，设备制造、模具制造；

③ 诊断预测类，产品内、外部缺陷及质量分析；

④ 监督类，型砂质量控制、熔炼过程控制；

⑤ 规划类，制定生产计划；

⑥ 教学类，计算机辅助教学系统。

（一）铸造专家系统的研究与应用状况

国内外铸造领域专家系统的研制开始于 20 世纪 80 年代。1987 年瑞典开发了一个商品化的铸造专家系统开发工具 Foundry Expert，可用于铸造过程控制、诊断、咨询和规划等领域。用该工具开发的型砂自适应控制系统，可以大大减少型砂的波动以及附加物的加入量。还用其开发了一个具有自学功能的铸件缺陷分析专家系统。

CDAD 是由印度技术学院开发的铸件缺陷分析专家系统，其目的是协助铸造工作者对缺陷进行分类、诊断，并提出消除缺陷的措施。该系统采用专家系统外壳 IITMRULE 开发出来，使用规则形式表示知识，不能处理不确定问题。美国密苏里大学研制了冲天炉控制专家系统，程序通过使用专家系统外壳 NEXPERT 构造出来，知识库中包含下列数据：铁焦比，风量，熔化速度和出炉温度。用户给定熔化速度和出炉温度时，系统给出了一个合适的铁焦比和风量；当用户输入铁焦比和风量时，系统也可预测熔化速度和出炉温度。这个系统已被用于直径分别为 54.6cm 和 304.8cm 的冲天炉上。该大学还研制了倾斜浇注系统设计的专家系统，该系统在 AutoCAD 的 Lisp 环境下运行，用 AutoCAD 进行零件的实体造型，通过 Lisp 程序获得几何和拓扑信息，由专家系统给出最佳的结构，最后由 Lisp 程序设计出来。这两个系统的知识库都可以脱离系统进行编辑，输入不同的规则，系统就可以用于不同的场合。

另外，Waxpert 是关于熔模铸造蜡模质量控制的专家系统。CDI 可用来识别国际铸件缺陷图谱中的铸件缺陷。CDAP 能区分气体、收缩及型壁移动三个基本因素所产生的内部缺陷，应用于实际生产中已取得了较好的效果。

我国的铸造行业专家系统的研究和应用工作起步较晚。清华大学开发了型砂质量规律专家系统，用来处理下列有关问题：分析由于型砂质量引起的铸件缺陷，包括气孔、夹砂、粘砂、砂眼、胀砂、冷隔、热裂等铸件缺陷；分析型砂质量现状，根据当前及以前输入计算机的有关型砂性能数据，分析当前型砂状况及注意问题。还开发了球墨铸件缺陷分析专家系统 ACDES，程序由 Turbo Prolog 语言编写而成，可对表面缺陷、孔洞类缺陷和组织类缺陷等 20 余种缺陷进行识别、分析，并提出相应的改进措施。铁道部戚墅堰机车车辆工艺研究所开发了一个完整的铸钢件缺陷分析专家系统 WIS，并构造了一个适合铸造领域的诊断类型的专家系统外壳。系统采用规则形式表示知识，使用确定性理论来解决知识的不确定问题，并实现了不精确推理计算公式在知识库中的显示表示，因而能处理实际过程中各种难以确定的复杂情况，具有很大的实用价值。用户可按照规则形式把本单位的经验输入到知识库中，使系统能很好地处理本单位的问题。该系统已经在实际生产中投入运行。

内蒙古工业大学研制了铸件孔洞类缺陷分析专家系统 CCDAI 和自硬砂分析专家系统 NBS-DA；华南理工大学研制了压铸工艺参数设计及缺陷判断的专家系统；台湾成功大学开发了铸件缺陷诊断计算机系统。

总之，铸造专家系统的研究与应用工作已经在许多领域开展，并取得了一定的研究应用成果和经济效益，但总的来说，目前还处于初步阶段。

（二）焊接领域专家系统的研究和应用

焊接领域的专家系统研究开始于 20 世纪 80 年代。最早报道这方面研究的是美国开发的焊接材料选择专家系统 Weldselector。此后，美国学者开发出了系列焊接专家系统，除了 Weldselector 之外，还包括焊接符号绘制、制定预热与后热规范、堆焊、制定焊接工艺、计算残余应力、复合材料连接等。欧共体国家学者也十分重视焊接专家系统的研究与开发，他们在企业、政府的大力支持下，进行了尤里卡计划，包括含有十多个不同类型的焊接专家系统，如工艺制定、热处理工艺制定、工艺选择、焊接选择、焊接方法选择、焊工考试项目选择、焊接质量控制、焊接缺陷分析等。

我国焊接专家系统研究开始于 1988 年，主要集中在大学和研究所。目前的焊接专家系统已经涉及焊接生产的所有主要方面，其成果显著，内容包括焊接方法选择、焊接工艺选择、焊接材料选择、焊接缺陷诊断与预测、焊接结构安全评定等。

9.2.5 计算机的数值模拟系统

金属材料热加工过程是十分复杂的高温、动态、瞬时过程，过程开放性差。在这个过程中，材料经过液态流动充型、凝固结晶、固态变形、相变、再结晶和重结晶等多种微观组织变化及缺陷的产生与消失等一系列复杂的物理、化学、冶金变化而最后成为毛坯和构件。材料热加工工艺过程数值模拟技术就是在材料热加工理论指导下，通过数值模拟计算，预测实际工艺条件下，材料经热加工成形后最后得到的组织、性能和质量，进而实现热加工工艺的优化设计，实现材料热加工由"技艺"走向"科学"，使材料热加工技术水平产生质的飞跃。

通过数值模拟技术在热加工工艺过程可起到的作用：

① 优化工艺设计，使工艺参数达到最佳，提高产品的质量；

② 可在较短的时间内，对多种工艺方案进行检验，缩短产品开发周期；

③ 在计算机上进行工艺模拟试验，降低产品开发费用和对资源的消耗。

（一）热加工工艺过程数值模拟的主要内容

热加工工艺过程模拟的主要内容包括前处理、模拟分析计算和后处理三部分内容。

（1）数值模拟的前处理

前处理的任务是为数值模拟准备一个初始的计算环境及对象。主要包括两部分内容，即：三维造型和网格划分。

① 三维造型　将模拟对象（铸件、锻件、焊接结构件等）几何形状及尺寸以数字化方式输入构成，成为模拟分析软件能够识别的格式。目前已有多种商品化三维几何造型软件，除特殊情况外，一般均可采用这些商品化造型软件，如 Pro-E、UG、I-DEAS、AUTO-CAD、SOLIDEDGE、SOLID WORK、金银花等，这些造型软件功能齐全，使用方便、快捷，大都能提供较为通用的文件格式，因此已经被大量地采用，作为数值模拟的造型软件平台。

② 网格划分　按模拟的功能及精确度的要求，将实体分成由具有一定三维数据的单元所组成的集合体。这些单元的三维数据决定了剖分精度，尤其是边界单元。

（2）模拟分析计算

模拟分析计算是数值模拟的核心技术，按其功能，主要包括以下内容。

① 宏观模拟　目的是模拟热加工过程中的材料形状、轮廓、尺寸及宏观缺陷（变形、缺陷、皱折、缩孔、缩松、气孔、夹杂等）的演化过程及最终结果。为了达到上述目的，需建立并求解以下一些物理场的数理方程。

a. 温度场，是进行热加工过程数值模拟最重要的物理场。可以直接预测铸件的凝固前沿及缩孔、缩松的位置及大小，同时它也是其他热过程物理场的计算基础。

在温度场计算中，多采用有限差分法计算，可以求出在热加工过程中工件的温度变化及各点的温度分布。

b. 应力-应变场——位移场，是建立在弹塑性力学基础上的物理场。主要用于模拟金属材料的塑性成形过程及充不满、皱折、孔洞等缺陷的产生，同时可预测铸件、焊接件的应力分布及变形、裂纹等缺陷。一般采用有限元法求解。

c. 流动场——压力场、速度场，建立在流体动力学基础上的流动场（压力场、速度场），是模拟铸件充型过程的重要模型，用于预测铸件的冷隔、卷气、夹杂、冲砂等缺陷，优化浇注系统。

② 微观组织及缺陷的模拟　目的是模拟热加工过程中材料微观组织（枝晶生长、共晶生长、柱状晶到等轴晶的转变、晶粒度、相变等）及微观尺度缺陷（混晶、偏析、氢致裂纹等）的演变过程及结果。描述微观组织及缺陷演变的模型主要有：

a. 随机统计模型，有 Monte Carlo 法和 Cellar Automaton 法，主要用于液-固转变时晶粒组织形成及生长的模拟。

b. 相场方法，通过微分方程反映液-固转变时扩散、有序化势及热力学驱动力的综合作用，可对金属液的凝固过程及组织形式、生长进行真实的模拟。

c. 相变场，是模拟金属热处理过程中组织转变的数理模型。要综合考虑相变与温度（相变潜热）、应力（应力诱发相变、相变应力及相变塑性的发生）的相互关系及影响。

d. 特有缺陷预测模型，如描述热塑性加工过程中晶粒度演变的动态再结晶模型（预测大锻件的混晶）、焊接过程局部氢浓度集聚扩散模型（预测氢致裂纹）等。

③ 多种物理场的耦合计算　要解决热加工实际问题，必须对上述各种物理场及方法进行局部或系统耦合。首先是宏观模拟层次中各种物理场的耦合，其中温度场是建立其他各种物理场的基础，常见的耦合有温度场——应力、应变场、温度场——流动场。再次是把描述热加工过程宏观现象的连续方程（温度场、应力、应变场、速度场等）与描述微观组织演变的模型进行耦合，如温度场——相变场、应力/应变场——相变场、温度场——统计模型、温度场——相场、温度场——应力/应变场——微观缺陷预测模型等多种宏观、微观模型之间耦合。

（3）数值模拟的后处理

数值模拟的结果是以数值形式表达模拟对象的物理状态，这种结果的表达形式所用的数据量大，可读性差，不利于对模拟结果进行分析，尤其是三维模拟结果更是如此。因此，提高模拟结果的可读性，提高模拟结果的表示效果，是数值模拟计算技术中一项重要的研究内容。

模拟结果图形/图像化是一种能够以色彩来表达数值量变化的方法。这种方法通过对数值量进行分级，用不同的色彩代表不同的数值量，然后将这些色彩叠加到剖分单元的位置场与属性场的显示图上，便可实现数值结果向彩色图形的映射。

计算机图形学及图形终端技术的发展，为数值向图形映射的处理提供了技术支持，在数值模拟技术中已广泛应用这种处理技术。

后处理的任务是将数值模拟计算中取得的大量繁杂数据转化为用户可以看得见、并且可以看出工程含义、可以用于指导工艺分析的图形、图像和过程动画，即模拟结果的可视化处理。包括将结果图形/图像进行旋转、缩放、剖面显示、选择性显示、输出、制成图形/图像文件等。

（二）热加工过程数值模拟的数值计算方法

在热加工过程中，由于涉及问题多种多样，边界条件十分复杂，用解析方法求解这类微分方程是十分困难的，大多利用计算机的高速度和大容量的特点，采用数值解法来进行求解。数值解法有差分法、有限元法、数值积分法、蒙特卡罗法等。下面简单介绍这些数值计算方法的一些特点，详细解法可查阅有关文献。

（1）差分法

差分法的基础是用差商来代替微商，相应地就把微分方程变为差分方程来求解。为了用差分方程代替微分方程，首先必须对求解区域离散化。这样，微分方程和边界条件的求解就归结为求解一个线性代数方程组，得到数值解。用不同方法定义差商可得一系列的差分格式：向前差分、向后差分、平均差分、中心差分、加列金格式等。不同的差分格式其误差和稳定性各不同，如向前差分是有条件稳定的；向后差分则是无条件稳定的；而平均差分虽然精读较高，但容易发生振荡等。因此使用差分法时要选择合适的差分格式，合理的网格划分和步长选取，以尽可能减少误差，保证解的精度和稳定性。差分法的优点是对于具有规则的几何特性和均匀的材料特性问题，它的计算程序设计和计算过程较为简单，收敛性较好。差分法的缺点是往往局限于规则的差分网格（正方形、矩形、正三角形等），显得呆板有余而灵活不足。另外，差分法只考虑了节点的作用，而忽视了把节点连接起来的单元的贡献。

（2）有限元法

有限元法起源于结构分析，但是，由于它所依据的理论的普遍性，已经能够成功地用来求解其他工程领域中的许多问题，如传热、电磁场、流体力学等领域的问题，因此可以说有限元法几乎适用于求解所有的连续介质和场的问题。

有限元法的第一步是将连续体简化为由有限个单元组成的离散化模型，第二步对离散化模型求出数值解答。有限元法的主要优点如下。

① 概念清晰，容易掌握，可以在不同水平上建立对该法的理解。可以通过直观的物理途径来学习和运用这一方法，也可以建立在严格的数学基础上。

② 该法有较强的灵活性和适用性，应用范围极其广泛。它对于各种复杂的因素，如复杂的几何形状、任意的边界条件、不均匀的材料特性、非线性的应力-应变关系等，都能灵活地加以考虑，不会发生处理上的困难。

③ 该法采用矩阵形式表达，便于编制计算机程序，可以充分利用高速计算机所提供的方便。

（3）数值积分法

通常在微积分中，积分值是通过寻找原函数的办法来得到的。但在许多情况下，寻找原函数往往是相当困难的，许多函数甚至找不到原函数，这时，就可以用数值积分法来求解。最简单的数值积分方法是求积节点（积分点）等距离的两点公式（梯形法则）及三点公式（辛普生法则）。此外，还有五点求积公式及变步长的梯形法则等。还有一种数值积分法是高斯求积法，这种方法求积的节点是不等距的，可以用较少的求积点而达到较高的精度。

（4）蒙特卡罗法

蒙特卡罗法也称随机模拟法、随机抽样技术和统计试验。所谓蒙特卡罗法是对某一问题做出一个适当的随机过程，把随机过程的参数用随机样本计算出的统计量的值来估计，从而由这个参数找出最初所述问题中包含的未知量的方法。此时，如果作为问题的现象是随机过程，可以原封不动地把它数值化进行模拟；如果现象为确定的情况也可以适当地设定随机过程而应用这个方法。

上述数值方法在工程应用中常相互交叉和渗透。如在瞬态热传导有限元分析中，在空间域采用有限元法，而在时间域则采用差分方法，两者结合进行求解。

（三）求解条件

数学方程反映了热加工工艺过程中高温工件的温度场（温度、压力、位移、速度等）域空间位置及时间的关系，反映了支配工件系统内部各种物理量现象的普遍规律。但是它并不能直接用于计算，如计算铸件在凝固过程中的温度场、锻件在受力下的位移场等。要得到这些具体的计算结果，还必须具备能使这些物理量被单一确定下来的各种条件，这些条件通常称为单值性条件。把这些条件以恰当的数学表达式加以描述，使微分方程加上足够的单值性条件联合求解，才能确定具体工件在某种工艺条件下的物理场。温度场是热加工工艺过程模拟计算的基础，同时也是连接许多物理场的桥梁，在铸造、锻造、焊接和热处理工艺过程的模拟计算中，均涉及温度场的模拟计算。因此，以温度场为例来说明这些条件。

单值性条件通常包括以下四种。

① 几何条件　指物体的几何形状与尺度。

② 物性条件　指材料的热物性，包括它们是否随温度而变以及是否均匀等条件。

③ 时间条件　也称为初始条件，指某一指定时间，一般为所研究的系统过程在开始时所求物理量的分布值，在求解温度场时，即为温度分布。

④ 边界条件　指所求系统中不同介质之间边界上的热交换条件，不同的边界类型，发生着不同的热交换现象，如铸件与铸型之间，铸型与大气之间。

（1）初始条件

对于一个热系统的某个物理量来说，一般总是首先有一个初始状态的。如对凝固过程的温度场，其初始温度分布就是其初始值；对于充型过程的速度场，其浇注速度就是其速度场的初始值；对于锻造过程的位移场，其工件初始位置是其初始值；对于焊接过程的导热温度场，其工件的预热温度就是其温度场的初始值。

在计算机数值模拟技术出现初期，通常对所求的系统物理量的初始值都做了简化处理或假设。如在进行铸件凝固过程数值模拟计算时，其温度初始值假设为浇注温度，这种处理对计算精度有较大影响。因为液态金属在注入型腔时，要经过浇注系统，这期间，金属液与浇注系统的型壁要发生热交换，金属液要通过型壁向铸型传递热量，因此，在铸型充满后，铸型中金属液的温度比浇注温度要有所下降，下降的程度根据铸型材料的不同而有很大的差别，在砂型中下降的温度要比在金属型中下降的温度小。又由于铸件的型腔不是瞬间充满的，因此，在浇注结束后，铸型中金属液的温度也是不均匀的。对于大型铸件来说，由于其浇注时间长，还能出现在浇注尚没有结束，铸件的某些部位就已经凝固了的情况（如靠近冷铁部位、薄壁部位等）。

随着计算机数值模拟技术的发展，人们已可以对比凝固过程模拟计算更为复杂的铸件充型过程的速度场进行计算，伴随着速度场的计算，同时计算出充填部位的温度场，在充型过程结束后，所得到的温度场即为凝固过程的温度场的初始值，由此完成了充型与凝固的耦合计算，实现了铸造工艺过程计算数值模拟计算技术的一次跨越，同时为凝固过程的计算机数值模拟提供了较为准确的初始值。

（2）边界条件

在理论上，常将系统边界上的换热条件即边界条件分为三类。

① 第一类边界条件，也称 Dirichlet 条件。该条件给出传热系统不同介质之间边界上的各点的温度值 T_w，T_w 是边界上位置 s 和时间 t 的函数，也就是

$$T_w = T(s, t)$$

② 第二类边界条件，也称 Neumann 条件，该条件给出传热系统不同介质之间边界上各点的温度沿边界法向 n 的热流率，也就是

$$-k \frac{\partial T}{\partial n}\Big|_w = q(s, t)$$

③ 第三类边界条件，也称 Robin 条件，给出热传导系统不同介质之间边界上各点处的

热流率与边界温度的线性关系，也就是

$$-k\frac{\partial T}{\partial n}\bigg|_{\mathrm{w}}=h_{\mathrm{c}}(T_{\mathrm{w}}-T_{\infty})\omega$$

式中，h_{c} 为边界上的放热系数；T_{w}、T_{∞} 分别是边界和环境的温度。

以上三类边界条件的划分主要是从在数学上便于求解的角度出发考虑的，而在实际中发生在系统不同介质之间边界上的换热现象是多种多样的。

（3）热物性值

在热加工的计算机数值模拟计算中，从导热方程中可以看出，在方程中用到的几个参数，包括材料的比定压热容 c_p、潜热 L、热导率 λ 和密度 ρ，其中除 ρ 可大致看做常数外，比定压热容 c_p、潜热 L、热导率 λ 是随温度而变化的值，它们都是温度的函数。这种变化反映导数值模拟计算中，对传热计算有着明显的影响，因为求解导热方程要以已知的热物性为前提。当前，新材料不断地研究、开发出来，新材料在热加工领域中得到愈来愈广泛的应用，因此，掌握材料的热物性值是热加工过程模拟技术中的一项重要工作。

除了材料热物性值随温度而变的问题之外，还有一个材料是否各向同性的问题。对于各向异性的材料来说，其热导率以及其他热物性值不再是与方向无关的标量，而称为在不同方向上具有不同值的参数。但在一般的热加工模拟中对材料各向异性的问题不做深入研究，在此只作为一个问题提出，不再加以详细讨论。

解决材料热物性值问题的途径主要有三种：一是查阅手册；二是进行专门的实测；三是实验与数学处理相结合。材料的热加工工艺过程是在高温下进行的，因此需要材料在高温下的热物性值，但实际上 1200℃以上材料的热物性值很难查到，通常只有依靠专门实测获得。但能测试 1200℃以上材料热物性参数的设备由于技术含量高，价格比较昂贵。

目前热物性参数的测试主要有以下几种。

① 激光脉冲法　此种方法测量材料的热扩散率、比热容、热导率，利用瞬态激光光照使试样吸收热量，并通过热电偶或红外线检测法测量试样背表面的温升，然后将结果保存，再通过计算得出随温度变化的热扩散率、比热容、热导率值及相应的曲线。

② 非稳态热线法　此种方法主要用于测量固体非金属材料的热导率。测量时应满足以下条件：恒温状态下，热线的温度和试样的温度是一致的；热线半径与长度之比很小。

③ 数值反算法　此种方法是随着数值模拟技术的应用而发展起来的一种新的工程材料热物理参数测试方法。通常工件的温度场可根据其单值性条件（如几何形状、初始条件、边界条件等）和给定材料的热物性参数通过求解导热微分方程来获得。反之，若已知工件温度场随时间变化的规律和有关单值性条件，则材料的热物性参数可通过反算导热微分方程的方法获得，即将材料热物性参数测试问题变为传热的反问题进行处理。

该方法具有如下特点：①测试结果为随温度变化的函数；②对金属和非金属材料均可测试；③不受实验场地限制，可现场测试；④试样形状、大小可根据具体情况设计，使测试结果更加符合实际；⑤测试精度可通过调整测温选点步长和迭代计算次数进行控制。

随着计算机应用技术的发展和普及以及数据库技术的发展，现已有人将热加工所用材料的热物性值进行归类整理，并编制成了热物性数据库管理系统，如机械工业共性技术数据库中的铸造材料热物性参数数据库。数据库中提供了金属材料和造型材料的热导率、比热容、热扩散系数，其中，金属材料又分为铸钢、铸铁及有色合金等。

思考与讨论题

1. 试举计算机技术在热加工工程中的应用实例。
2. 试举计算机技术在检测技术中的应用实例。
3. 试举计算机技术在控制工程中的应用实例。
4. 微机模拟方法在材料成型过程中的应用如何？

参 考 文 献

1　李军，贺庆之主编．检测技术及仪表．北京：轻工业出版社，1989

2　徐文泉，现代测试技术．上海：上海科学技术文献出版社，1986

3　周泽存，刘馨媛主编．检测技术．北京：机械工业出版社，1983

4　郑叔芳、吴晓琳．机械工程测量学．北京：科学出版社，1999

5　王恒杰，刘自然．机械工程检测技术．北京：机械工业出版社，1997

6　陈积懋．复合材料无损检测的新进展．航天工艺技术，1998，5：17～19

7　刘松平，郭恩明．复合材料无损检测技术的现状与展望．航空制造技术，2001，3：30～32

8　王殿富，万里冰等．光纤传感器在复合材料固化监测中的应用．哈尔滨工业大学学报，2002，5：710～714

9　蔡自兴．智能控制-基础与应用．北京：国防工业出版社，1998

10　柳百成，荆涛．铸造工程的模拟仿真与质量控制．北京：机械工业出版社，2001

11　李英民，崔宝侠等．计算机在材料热加工领域中的应用．北京：机械工业出版社，2001

12　易继锴，侯媛彬．智能控制技术．北京：北京工业大学出版社，1999

13　柳昌庆．实验方法与测试技术．北京：煤炭工业出版社，1985

14　中国机械工程学会铸造专业学会编．铸造手册．第2卷．北京：机械工业出版社，1991

15　周小平，陈慧敏，陈青等．智能无损检测仪在抗磨铸铁生产中的应用．无损检测，1998，2：53～55

16　南海，魏华胜，修吉平等．控制技术及模糊控制在冲天炉熔炼中的应用．铸造技术，1997，5：36～37

17　李朝霞，郑贤淑．人工神经网络及其在铸造工业中的应用．铸造，2000，1：31～35

18　吴浚郊，李彤，李文珍．虚拟制造及其在铸造生产中的应用．铸造，2000，2：93～95

19　王家弟，曾健，卢晨等．专家系统技术及其在铸造工艺设计中的应用．热加工工艺，2000，1：46～48